Find the slope of the line through each pair of points.

(3, 6), (-10, -11)   (7, -5), (-5, -11)

(3, -7), (-12, -3)   (0, -11), (2, 9)

(-2, 2), (0, 4)   (12, 11), (-9, -12)

(10, -11), (-2, -6)   (5, 6), (8, -6)

(-1, -10), (3, 3)   (-5, -9), (6, 0)

Answer Key

Find the slope of the line through each pair of points.

(3, 6), (-10, -11)

$$\frac{-11 - 6}{-10 - 3} = \frac{-17}{-13} = \frac{17}{13}$$

(7, -5), (-5, -11)

$$\frac{-11 - (-5)}{-5 - 7} = \frac{-6}{-12} = \frac{1}{2}$$

(3, -7), (-12, -3)

$$\frac{-3 - (-7)}{-12 - 3} = \frac{4}{-15} = -\frac{4}{15}$$

(0, -11), (2, 9)

$$\frac{9 - (-11)}{2 - 0} = \frac{20}{2} = 10$$

(-2, 2), (0, 4)

$$\frac{4 - 2}{0 - (-2)} = \frac{2}{2} = 1$$

(12, 11), (-9, -12)

$$\frac{-12 - 11}{-9 - 12} = \frac{-23}{-21} = \frac{23}{21}$$

(10, -11), (-2, -6)

$$\frac{-6 - (-11)}{-2 - 10} = \frac{5}{-12} = -\frac{5}{12}$$

(5, 6), (8, -6)

$$\frac{-6 - 6}{8 - 5} = \frac{-12}{3} = -4$$

(-1, -10), (3, 3)

$$\frac{3 - (-10)}{3 - (-1)} = \frac{13}{4}$$

(-5, -9), (6, 0)

$$\frac{0 - (-9)}{6 - (-5)} = \frac{9}{11}$$

Find the slope of the line through each pair of points.

(-12, 7), (-2, -6)   (-7, 8), (2, 11)

(-3, -3), (10, 8)   (-5, -4), (-9, 3)

(-5, 0), (-3, 8)   (-2, -5), (1, -5)

(9, -7), (6, -3)   (-9, 6), (0, 1)

(-2, 12), (-5, -10)   (-9, -9), (9, 4)

Answer Key

Find the slope of the line through each pair of points.

(-12, 7), (-2, -6)

$$\frac{-6 - 7}{-2 - (-12)} = \frac{-13}{10}$$

(-7, 8), (2, 11)

$$\frac{11 - 8}{2 - (-7)} = \frac{3}{9} = \frac{1}{3}$$

(-3, -3), (10, 8)

$$\frac{8 - (-3)}{10 - (-3)} = \frac{11}{13}$$

(-5, -4), (-9, 3)

$$\frac{3 - (-4)}{-9 - (-5)} = \frac{7}{-4} = -\frac{7}{4}$$

(-5, 0), (-3, 8)

$$\frac{8 - 0}{-3 - (-5)} = \frac{8}{2} = 4$$

(-2, -5), (1, -5)

$$\frac{-5 - (-5)}{1 - (-2)} = \frac{0}{3} = 0$$

(9, -7), (6, -3)

$$\frac{-3 - (-7)}{6 - 9} = \frac{4}{-3} = -\frac{4}{3}$$

(-9, 6), (0, 1)

$$\frac{1 - 6}{0 - (-9)} = \frac{-5}{9}$$

(-2, 12), (-5, -10)

$$\frac{-10 - 12}{-5 - (-2)} = \frac{-22}{-3} = \frac{22}{3}$$

(-9, -9), (9, 4)

$$\frac{4 - (-9)}{9 - (-9)} = \frac{13}{18}$$

Find the slope of the line through each pair of points.

(-8, -10), (-3, 5)   (3, -4), (-3, 4)

(0, 9), (-10, 6)   (-10, -3), (-9, -1)

(-3, -8), (-5, 12)   (7, 12), (-3, 0)

(-5, -8), (-10, -10)   (-3, 1), (7, -10)

(-10, 3), (-12, -3)   (-11, -6), (-5, 7)

Answer Key

Find the slope of the line through each pair of points.

(-8, -10), (-3, 5)

$$\frac{5 - (-10)}{-3 - (-8)} = \frac{15}{5} = 3$$

(3, -4), (-3, 4)

$$\frac{4 - (-4)}{-3 - 3} = \frac{8}{-6} = -\frac{4}{3}$$

(0, 9), (-10, 6)

$$\frac{6 - 9}{-10 - 0} = \frac{-3}{-10} = \frac{3}{10}$$

(-10, -3), (-9, -1)

$$\frac{-1 - (-3)}{-9 - (-10)} = \frac{2}{1} = 2$$

(-3, -8), (-5, 12)

$$\frac{12 - (-8)}{-5 - (-3)} = \frac{20}{-2} = -10$$

(7, 12), (-3, 0)

$$\frac{0 - 12}{-3 - 7} = \frac{-12}{-10} = \frac{6}{5}$$

(-5, -8), (-10, -10)

$$\frac{-10 - (-8)}{-10 - (-5)} = \frac{-2}{-5} = \frac{2}{5}$$

(-3, 1), (7, -10)

$$\frac{-10 - 1}{7 - (-3)} = \frac{-11}{10}$$

(-10, 3), (-12, -3)

$$\frac{-3 - 3}{-12 - (-10)} = \frac{-6}{-2} = 3$$

(-11, -6), (-5, 7)

$$\frac{7 - (-6)}{-5 - (-11)} = \frac{13}{6}$$

Find the slope of the line through each pair of points.

(-5, -8), (0, 2)   (-4, -7), (-2, -5)

(3, 2), (11, -9)   (9, 0), (-8, 9)

(5, -12), (1, 9)   (-7, 2), (-1, -5)

(-8, -4), (0, -3)   (-6, 12), (-2, -8)

(-6, 3), (-6, 1)   (-12, -4), (-11, 3)

Answer Key

Find the slope of the line through each pair of points.

(-5, -8), (0, 2)

$$\frac{2 - (-8)}{0 - (-5)} = \frac{10}{5} = 2$$

(-4, -7), (-2, -5)

$$\frac{-5 - (-7)}{-2 - (-4)} = \frac{2}{2} = 1$$

(3, 2), (11, -9)

$$\frac{-9 - 2}{11 - 3} = \frac{-11}{8}$$

(9, 0), (-8, 9)

$$\frac{9 - 0}{-8 - 9} = \frac{9}{-17} = -\frac{9}{17}$$

(5, -12), (1, 9)

$$\frac{9 - (-12)}{1 - 5} = \frac{21}{-4} = -\frac{21}{4}$$

(-7, 2), (-1, -5)

$$\frac{-5 - 2}{-1 - (-7)} = \frac{-7}{6}$$

(-8, -4), (0, -3)

$$\frac{-3 - (-4)}{0 - (-8)} = \frac{1}{8}$$

(-6, 12), (-2, -8)

$$\frac{-8 - 12}{-2 - (-6)} = \frac{-20}{4} = -5$$

(-6, 3), (-6, 1)

$$\frac{1 - 3}{-6 - (-6)} = \frac{-2}{0} = \text{Undef}$$

(-12, -4), (-11, 3)

$$\frac{3 - (-4)}{-11 - (-12)} = \frac{7}{1} = 7$$

Find the slope of the line through each pair of points.

(1, 5), (10, -10)   (-10, 9), (-9, 11)

(-10, -1), (-6, -9)   (-1, -11), (-6, 0)

(-9, 0), (5, -2)   (4, 0), (1, 7)

(6, -5), (2, -11)   (-10, 9), (-1, 0)

(-5, 8), (-4, -9)   (10, -6), (6, -8)

Answer Key

Find the slope of the line through each pair of points.

(1, 5), (10, -10)

$$\frac{-10 - 5}{10 - 1} = \frac{-15}{9} = -\frac{5}{3}$$

(-10, 9), (-9, 11)

$$\frac{11 - 9}{-9 - (-10)} = \frac{2}{1} = 2$$

(-10, -1), (-6, -9)

$$\frac{-9 - (-1)}{-6 - (-10)} = \frac{-8}{4} = -2$$

(-1, -11), (-6, 0)

$$\frac{0 - (-11)}{-6 - (-1)} = \frac{11}{-5} = -\frac{11}{5}$$

(-9, 0), (5, -2)

$$\frac{-2 - 0}{5 - (-9)} = \frac{-2}{14} = -\frac{1}{7}$$

(4, 0), (1, 7)

$$\frac{7 - 0}{1 - 4} = \frac{7}{-3} = -\frac{7}{3}$$

(6, -5), (2, -11)

$$\frac{-11 - (-5)}{2 - 6} = \frac{-6}{-4} = \frac{3}{2}$$

(-10, 9), (-1, 0)

$$\frac{0 - 9}{-1 - (-10)} = \frac{-9}{9} = -1$$

(-5, 8), (-4, -9)

$$\frac{-9 - 8}{-4 - (-5)} = \frac{-17}{1} = -17$$

(10, -6), (6, -8)

$$\frac{-8 - (-6)}{6 - 10} = \frac{-2}{-4} = \frac{1}{2}$$

Find the slope of the line through each pair of points.

(-7, 6), (-4, -5)   (0, -2), (-5, 1)

(6, -4), (8, -8)   (1, -1), (0, -8)

(6, -10), (-4, -4)   (-6, -4), (-2, -3)

(-3, 3), (3, -12)   (9, -10), (8, -8)

(-9, 1), (6, 3)   (-1, 8), (-5, 7)

Answer Key

Find the slope of the line through each pair of points.

(-7, 6), (-4, -5)

$$\frac{-5 - 6}{-4 - (-7)} = \frac{-11}{3}$$

(0, -2), (-5, 1)

$$\frac{1 - (-2)}{-5 - 0} = \frac{3}{-5} = -\frac{3}{5}$$

(6, -4), (8, -8)

$$\frac{-8 - (-4)}{8 - 6} = \frac{-4}{2} = -2$$

(1, -1), (0, -8)

$$\frac{-8 - (-1)}{0 - 1} = \frac{-7}{-1} = 7$$

(6, -10), (-4, -4)

$$\frac{-4 - (-10)}{-4 - 6} = \frac{6}{-10} = -\frac{3}{5}$$

(-6, -4), (-2, -3)

$$\frac{-3 - (-4)}{-2 - (-6)} = \frac{1}{4}$$

(-3, 3), (3, -12)

$$\frac{-12 - 3}{3 - (-3)} = \frac{-15}{6} = -\frac{5}{2}$$

(9, -10), (8, -8)

$$\frac{-8 - (-10)}{8 - 9} = \frac{2}{-1} = -2$$

(-9, 1), (6, 3)

$$\frac{3 - 1}{6 - (-9)} = \frac{2}{15}$$

(-1, 8), (-5, 7)

$$\frac{7 - 8}{-5 - (-1)} = \frac{-1}{-4} = \frac{1}{4}$$

Find the slope of the line through each pair of points.

(-11, -5), (-8, 4)   (-1, -10), (-8, 3)

(-12, 8), (10, 5)   (-4, -8), (5, 3)

(4, -11), (0, -5)   (2, -7), (-4, 6)

(-5, 3), (-11, -9)   (4, 9), (-3, -4)

(-3, -8), (-1, -9)   (-10, -11), (-4, -9)

Answer Key

Find the slope of the line through each pair of points.

$(-11, -5), (-8, 4)$

$$\frac{4 - (-5)}{-8 - (-11)} = \frac{9}{3} = 3$$

$(-1, -10), (-8, 3)$

$$\frac{3 - (-10)}{-8 - (-1)} = \frac{13}{-7} = -\frac{13}{7}$$

$(-12, 8), (10, 5)$

$$\frac{5 - 8}{10 - (-12)} = \frac{-3}{22}$$

$(-4, -8), (5, 3)$

$$\frac{3 - (-8)}{5 - (-4)} = \frac{11}{9}$$

$(4, -11), (0, -5)$

$$\frac{-5 - (-11)}{0 - 4} = \frac{6}{-4} = -\frac{3}{2}$$

$(2, -7), (-4, 6)$

$$\frac{6 - (-7)}{-4 - 2} = \frac{13}{-6} = -\frac{13}{6}$$

$(-5, 3), (-11, -9)$

$$\frac{-9 - 3}{-11 - (-5)} = \frac{-12}{-6} = 2$$

$(4, 9), (-3, -4)$

$$\frac{-4 - 9}{-3 - 4} = \frac{-13}{-7} = \frac{13}{7}$$

$(-3, -8), (-1, -9)$

$$\frac{-9 - (-8)}{-1 - (-3)} = \frac{-1}{2}$$

$(-10, -11), (-4, -9)$

$$\frac{-9 - (-11)}{-4 - (-10)} = \frac{2}{6} = \frac{1}{3}$$

Find the slope of the line through each pair of points.

(-7, -5), (-10, 5)   (-1, -5), (4, 8)

(3, -4), (10, -8)   (6, -4), (7, 2)

(-11, -4), (8, -11)   (9, -8), (10, 2)

(7, -5), (-3, 5)   (0, -9), (-11, -1)

(-8, -12), (-6, 4)   (1, -9), (-10, 4)

Answer Key

Find the slope of the line through each pair of points.

(-7, -5), (-10, 5)

$$\frac{5 - (-5)}{-10 - (-7)} = \frac{10}{-3} = -\frac{10}{3}$$

(-1, -5), (4, 8)

$$\frac{8 - (-5)}{4 - (-1)} = \frac{13}{5}$$

(3, -4), (10, -8)

$$\frac{-8 - (-4)}{10 - 3} = \frac{-4}{7}$$

(6, -4), (7, 2)

$$\frac{2 - (-4)}{7 - 6} = \frac{6}{1} = 6$$

(-11, -4), (8, -11)

$$\frac{-11 - (-4)}{8 - (-11)} = \frac{-7}{19}$$

(9, -8), (10, 2)

$$\frac{2 - (-8)}{10 - 9} = \frac{10}{1} = 10$$

(7, -5), (-3, 5)

$$\frac{5 - (-5)}{-3 - 7} = \frac{10}{-10} = -1$$

(0, -9), (-11, -1)

$$\frac{-1 - (-9)}{-11 - 0} = \frac{8}{-11} = -\frac{8}{11}$$

(-8, -12), (-6, 4)

$$\frac{4 - (-12)}{-6 - (-8)} = \frac{16}{2} = 8$$

(1, -9), (-10, 4)

$$\frac{4 - (-9)}{-10 - 1} = \frac{13}{-11} = -\frac{13}{11}$$

Find the slope of the line through each pair of points.

(9, 11), (1, 8)   (-4, 8), (11, 12)

(-8, 1), (-7, -8)   (-2, 6), (12, 3)

(-8, -10), (-8, -4)   (-1, 4), (6, 5)

(10, 0), (10, -10)   (-1, 11), (-5, 9)

(-12, -2), (11, -8)   (-8, 0), (-10, 1)

Answer Key

Find the slope of the line through each pair of points.

(9, 11), (1, 8)

$$\frac{8 - 11}{1 - 9} = \frac{-3}{-8} = \frac{3}{8}$$

(-4, 8), (11, 12)

$$\frac{12 - 8}{11 - (-4)} = \frac{4}{15}$$

(-8, 1), (-7, -8)

$$\frac{-8 - 1}{-7 - (-8)} = \frac{-9}{1} = -9$$

(-2, 6), (12, 3)

$$\frac{3 - 6}{12 - (-2)} = \frac{-3}{14}$$

(-8, -10), (-8, -4)

$$\frac{-4 - (-10)}{-8 - (-8)} = \frac{6}{0} = \text{Undef}$$

(-1, 4), (6, 5)

$$\frac{5 - 4}{6 - (-1)} = \frac{1}{7}$$

(10, 0), (10, -10)

$$\frac{-10 - 0}{10 - 10} = \frac{-10}{0} = \text{Undef}$$

(-1, 11), (-5, 9)

$$\frac{9 - 11}{-5 - (-1)} = \frac{-2}{-4} = \frac{1}{2}$$

(-12, -2), (11, -8)

$$\frac{-8 - (-2)}{11 - (-12)} = \frac{-6}{23}$$

(-8, 0), (-10, 1)

$$\frac{1 - 0}{-10 - (-8)} = \frac{1}{-2} = -\frac{1}{2}$$

Find the slope of the line through each pair of points.

(-10, -2), (-5, -1)   (9, -8), (3, 4)

(-1, -2), (-9, 2)   (6, -11), (-9, 10)

(0, -2), (1, 2)   (-3, 3), (0, 10)

(-10, -7), (2, 8)   (0, 10), (-11, -5)

(-11, -7), (-8, 3)   (-2, -7), (-1, 1)

Answer Key

Find the slope of the line through each pair of points.

(-10, -2), (-5, -1)

$$\frac{-1 - (-2)}{-5 - (-10)} = \frac{1}{5}$$

(9, -8), (3, 4)

$$\frac{4 - (-8)}{3 - 9} = \frac{12}{-6} = -2$$

(-1, -2), (-9, 2)

$$\frac{2 - (-2)}{-9 - (-1)} = \frac{4}{-8} = -\frac{1}{2}$$

(6, -11), (-9, 10)

$$\frac{10 - (-11)}{-9 - 6} = \frac{21}{-15} = -\frac{7}{5}$$

(0, -2), (1, 2)

$$\frac{2 - (-2)}{1 - 0} = \frac{4}{1} = 4$$

(-3, 3), (0, 10)

$$\frac{10 - 3}{0 - (-3)} = \frac{7}{3}$$

(-10, -7), (2, 8)

$$\frac{8 - (-7)}{2 - (-10)} = \frac{15}{12} = \frac{5}{4}$$

(0, 10), (-11, -5)

$$\frac{-5 - 10}{-11 - 0} = \frac{-15}{-11} = \frac{15}{11}$$

(-11, -7), (-8, 3)

$$\frac{3 - (-7)}{-8 - (-11)} = \frac{10}{3}$$

(-2, -7), (-1, 1)

$$\frac{1 - (-7)}{-1 - (-2)} = \frac{8}{1} = 8$$

Find the slope of the line through each pair of points.

(-9, 4), (-1, 4)   (11, 2), (8, 4)

(7, 5), (-7, 7)   (8, -2), (-6, -1)

(4, -5), (-11, 5)   (-1, 11), (-9, 11)

(-8, -8), (12, -12)   (-5, -11), (-9, -9)

(-2, -7), (-9, -10)   (9, -3), (-1, 8)

Answer Key

Find the slope of the line through each pair of points.

(-9, 4), (-1, 4)

$$\frac{4-4}{-1-(-9)} = \frac{0}{8} = 0$$

(11, 2), (8, 4)

$$\frac{4-2}{8-11} = \frac{2}{-3} = -\frac{2}{3}$$

(7, 5), (-7, 7)

$$\frac{7-5}{-7-7} = \frac{2}{-14} = -\frac{1}{7}$$

(8, -2), (-6, -1)

$$\frac{-1-(-2)}{-6-8} = \frac{1}{-14} = -\frac{1}{14}$$

(4, -5), (-11, 5)

$$\frac{5-(-5)}{-11-4} = \frac{10}{-15} = -\frac{2}{3}$$

(-1, 11), (-9, 11)

$$\frac{11-11}{-9-(-1)} = \frac{0}{-8} = 0$$

(-8, -8), (12, -12)

$$\frac{-12-(-8)}{12-(-8)} = \frac{-4}{20} = -\frac{1}{5}$$

(-5, -11), (-9, -9)

$$\frac{-9-(-11)}{-9-(-5)} = \frac{2}{-4} = -\frac{1}{2}$$

(-2, -7), (-9, -10)

$$\frac{-10-(-7)}{-9-(-2)} = \frac{-3}{-7} = \frac{3}{7}$$

(9, -3), (-1, 8)

$$\frac{8-(-3)}{-1-9} = \frac{11}{-10} = -\frac{11}{10}$$

Find the slope of the line through each pair of points.

(-11, 6), (7, -5)   (-3, -6), (-2, 3)

(-10, -2), (-7, 2)   (8, -8), (-11, -7)

(0, 0), (-1, -10)   (10, 6), (-11, -4)

(-7, 4), (1, 11)   (1, -3), (9, 0)

(5, 5), (4, 8)   (-11, -6), (-7, -1)

Answer Key

Find the slope of the line through each pair of points.

(-11, 6), (7, -5)

$$\frac{-5 - 6}{7 - (-11)} = \frac{-11}{18}$$

(-3, -6), (-2, 3)

$$\frac{3 - (-6)}{-2 - (-3)} = \frac{9}{1} = 9$$

(-10, -2), (-7, 2)

$$\frac{2 - (-2)}{-7 - (-10)} = \frac{4}{3}$$

(8, -8), (-11, -7)

$$\frac{-7 - (-8)}{-11 - 8} = \frac{1}{-19} = -\frac{1}{19}$$

(0, 0), (-1, -10)

$$\frac{-10 - 0}{-1 - 0} = \frac{-10}{-1} = 10$$

(10, 6), (-11, -4)

$$\frac{-4 - 6}{-11 - 10} = \frac{-10}{-21} = \frac{10}{21}$$

(-7, 4), (1, 11)

$$\frac{11 - 4}{1 - (-7)} = \frac{7}{8}$$

(1, -3), (9, 0)

$$\frac{0 - (-3)}{9 - 1} = \frac{3}{8}$$

(5, 5), (4, 8)

$$\frac{8 - 5}{4 - 5} = \frac{3}{-1} = -3$$

(-11, -6), (-7, -1)

$$\frac{-1 - (-6)}{-7 - (-11)} = \frac{5}{4}$$

Find the slope of the line through each pair of points.

(1, -11), (-8, -7)   (2, 10), (-10, -2)

(3, -3), (-5, 3)   (-7, -4), (2, -5)

(-2, 0), (-6, 0)   (-4, -5), (-9, -5)

(8, -6), (-7, 1)   (10, 6), (-4, 10)

(10, 3), (-1, 7)   (7, -2), (-7, 0)

Answer Key

Find the slope of the line through each pair of points.

(1, -11), (-8, -7)

$$\frac{-7 - (-11)}{-8 - 1} = \frac{4}{-9} = -\frac{4}{9}$$

(2, 10), (-10, -2)

$$\frac{-2 - 10}{-10 - 2} = \frac{-12}{-12} = 1$$

(3, -3), (-5, 3)

$$\frac{3 - (-3)}{-5 - 3} = \frac{6}{-8} = -\frac{3}{4}$$

(-7, -4), (2, -5)

$$\frac{-5 - (-4)}{2 - (-7)} = \frac{-1}{9}$$

(-2, 0), (-6, 0)

$$\frac{0 - 0}{-6 - (-2)} = \frac{0}{-4} = 0$$

(-4, -5), (-9, -5)

$$\frac{-5 - (-5)}{-9 - (-4)} = \frac{0}{-5} = 0$$

(8, -6), (-7, 1)

$$\frac{1 - (-6)}{-7 - 8} = \frac{7}{-15} = -\frac{7}{15}$$

(10, 6), (-4, 10)

$$\frac{10 - 6}{-4 - 10} = \frac{4}{-14} = -\frac{2}{7}$$

(10, 3), (-1, 7)

$$\frac{7 - 3}{-1 - 10} = \frac{4}{-11} = -\frac{4}{11}$$

(7, -2), (-7, 0)

$$\frac{0 - (-2)}{-7 - 7} = \frac{2}{-14} = -\frac{1}{7}$$

Find the slope of the line through each pair of points.

(-6, -11), (-4, 0)   (0, -10), (-3, -8)

(2, -9), (7, 8)   (8, -10), (-8, 4)

(9, -5), (3, 1)   (-6, -12), (1, -7)

(-4, 11), (-4, -1)   (-2, 10), (-6, -6)

(8, 3), (6, -11)   (10, -11), (-8, -5)

Answer Key

Find the slope of the line through each pair of points.

(-6, -11), (-4, 0)

$$\frac{0 - (-11)}{-4 - (-6)} = \frac{11}{2}$$

(0, -10), (-3, -8)

$$\frac{-8 - (-10)}{-3 - 0} = \frac{2}{-3} = -\frac{2}{3}$$

(2, -9), (7, 8)

$$\frac{8 - (-9)}{7 - 2} = \frac{17}{5}$$

(8, -10), (-8, 4)

$$\frac{4 - (-10)}{-8 - 8} = \frac{14}{-16} = -\frac{7}{8}$$

(9, -5), (3, 1)

$$\frac{1 - (-5)}{3 - 9} = \frac{6}{-6} = -1$$

(-6, -12), (1, -7)

$$\frac{-7 - (-12)}{1 - (-6)} = \frac{5}{7}$$

(-4, 11), (-4, -1)

$$\frac{-1 - 11}{-4 - (-4)} = \frac{-12}{0} = \text{Undef}$$

(-2, 10), (-6, -6)

$$\frac{-6 - 10}{-6 - (-2)} = \frac{-16}{-4} = 4$$

(8, 3), (6, -11)

$$\frac{-11 - 3}{6 - 8} = \frac{-14}{-2} = 7$$

(10, -11), (-8, -5)

$$\frac{-5 - (-11)}{-8 - 10} = \frac{6}{-18} = -\frac{1}{3}$$

Find the slope of the line through each pair of points.

(9, 3), (-5, -11)   (-11, 8), (-5, -5)

(1, 4), (-10, -11)   (-5, 12), (-8, -11)

(10, 6), (-8, -11)   (-1, 0), (-4, 6)

(-12, 10), (-8, 0)   (-7, -10), (-9, 3)

(-3, 12), (-11, 3)   (-5, 0), (3, -5)

Answer Key

Find the slope of the line through each pair of points.

(9, 3), (-5, -11)

$$\frac{-11 - 3}{-5 - 9} = \frac{-14}{-14} = 1$$

(-11, 8), (-5, -5)

$$\frac{-5 - 8}{-5 - (-11)} = \frac{-13}{6}$$

(1, 4), (-10, -11)

$$\frac{-11 - 4}{-10 - 1} = \frac{-15}{-11} = \frac{15}{11}$$

(-5, 12), (-8, -11)

$$\frac{-11 - 12}{-8 - (-5)} = \frac{-23}{-3} = \frac{23}{3}$$

(10, 6), (-8, -11)

$$\frac{-11 - 6}{-8 - 10} = \frac{-17}{-18} = \frac{17}{18}$$

(-1, 0), (-4, 6)

$$\frac{6 - 0}{-4 - (-1)} = \frac{6}{-3} = -2$$

(-12, 10), (-8, 0)

$$\frac{0 - 10}{-8 - (-12)} = \frac{-10}{4} = -\frac{5}{2}$$

(-7, -10), (-9, 3)

$$\frac{3 - (-10)}{-9 - (-7)} = \frac{13}{-2} = -\frac{13}{2}$$

(-3, 12), (-11, 3)

$$\frac{3 - 12}{-11 - (-3)} = \frac{-9}{-8} = \frac{9}{8}$$

(-5, 0), (3, -5)

$$\frac{-5 - 0}{3 - (-5)} = \frac{-5}{8}$$

Find the slope of the line through each pair of points.

(3, -9), (-3, -10)   (-3, -12), (7, -3)

(-3, -11), (2, -4)   (-2, 12), (-9, 2)

(4, 5), (1, 2)   (9, -4), (-4, 1)

(-2, 5), (-11, 0)   (0, -5), (2, -2)

(-7, 1), (-7, 6)   (-4, -9), (2, 3)

Answer Key

Find the slope of the line through each pair of points.

(3, -9), (-3, -10)

$$\frac{-10 - (-9)}{-3 - 3} = \frac{-1}{-6} = \frac{1}{6}$$

(-3, -12), (7, -3)

$$\frac{-3 - (-12)}{7 - (-3)} = \frac{9}{10}$$

(-3, -11), (2, -4)

$$\frac{-4 - (-11)}{2 - (-3)} = \frac{7}{5}$$

(-2, 12), (-9, 2)

$$\frac{2 - 12}{-9 - (-2)} = \frac{-10}{-7} = \frac{10}{7}$$

(4, 5), (1, 2)

$$\frac{2 - 5}{1 - 4} = \frac{-3}{-3} = 1$$

(9, -4), (-4, 1)

$$\frac{1 - (-4)}{-4 - 9} = \frac{5}{-13} = -\frac{5}{13}$$

(-2, 5), (-11, 0)

$$\frac{0 - 5}{-11 - (-2)} = \frac{-5}{-9} = \frac{5}{9}$$

(0, -5), (2, -2)

$$\frac{-2 - (-5)}{2 - 0} = \frac{3}{2}$$

(-7, 1), (-7, 6)

$$\frac{6 - 1}{-7 - (-7)} = \frac{5}{0} = \text{Undef}$$

(-4, -9), (2, 3)

$$\frac{3 - (-9)}{2 - (-4)} = \frac{12}{6} = 2$$

Find the slope of the line through each pair of points.

(-9, 4), (-5, -9)   (-6, -10), (-12, 2)

(-7, 3), (-6, 11)   (-1, -11), (5, -11)

(-10, -5), (5, 8)   (-9, -10), (8, -4)

(-10, 4), (-11, -5)   (-11, 12), (-1, 6)

(-6, 3), (9, 12)   (-7, 1), (12, 11)

Answer Key

Find the slope of the line through each pair of points.

$(-9, 4), (-5, -9)$

$$\frac{-9 - 4}{-5 - (-9)} = \frac{-13}{4}$$

$(-6, -10), (-12, 2)$

$$\frac{2 - (-10)}{-12 - (-6)} = \frac{12}{-6} = -2$$

$(-7, 3), (-6, 11)$

$$\frac{11 - 3}{-6 - (-7)} = \frac{8}{1} = 8$$

$(-1, -11), (5, -11)$

$$\frac{-11 - (-11)}{5 - (-1)} = \frac{0}{6} = 0$$

$(-10, -5), (5, 8)$

$$\frac{8 - (-5)}{5 - (-10)} = \frac{13}{15}$$

$(-9, -10), (8, -4)$

$$\frac{-4 - (-10)}{8 - (-9)} = \frac{6}{17}$$

$(-10, 4), (-11, -5)$

$$\frac{-5 - 4}{-11 - (-10)} = \frac{-9}{-1} = 9$$

$(-11, 12), (-1, 6)$

$$\frac{6 - 12}{-1 - (-11)} = \frac{-6}{10} = -\frac{3}{5}$$

$(-6, 3), (9, 12)$

$$\frac{12 - 3}{9 - (-6)} = \frac{9}{15} = \frac{3}{5}$$

$(-7, 1), (12, 11)$

$$\frac{11 - 1}{12 - (-7)} = \frac{10}{19}$$

Find the slope of the line through each pair of points.

(4, -2), (-4, -6)   (-7, -4), (-6, -12)

(-12, -9), (-3, 12)   (11, -10), (-5, -1)

(-10, 2), (-6, 3)   (1, -10), (-1, 10)

(0, -5), (5, -6)   (-7, 4), (-12, -1)

(-8, -12), (-6, -1)   (-8, -10), (5, -5)

Answer Key

Find the slope of the line through each pair of points.

(4, -2), (-4, -6)

$$\frac{-6 - (-2)}{-4 - 4} = \frac{-4}{-8} = \frac{1}{2}$$

(-7, -4), (-6, -12)

$$\frac{-12 - (-4)}{-6 - (-7)} = \frac{-8}{1} = -8$$

(-12, -9), (-3, 12)

$$\frac{12 - (-9)}{-3 - (-12)} = \frac{21}{9} = \frac{7}{3}$$

(11, -10), (-5, -1)

$$\frac{-1 - (-10)}{-5 - 11} = \frac{9}{-16} = -\frac{9}{16}$$

(-10, 2), (-6, 3)

$$\frac{3 - 2}{-6 - (-10)} = \frac{1}{4}$$

(1, -10), (-1, 10)

$$\frac{10 - (-10)}{-1 - 1} = \frac{20}{-2} = -10$$

(0, -5), (5, -6)

$$\frac{-6 - (-5)}{5 - 0} = \frac{-1}{5}$$

(-7, 4), (-12, -1)

$$\frac{-1 - 4}{-12 - (-7)} = \frac{-5}{-5} = 1$$

(-8, -12), (-6, -1)

$$\frac{-1 - (-12)}{-6 - (-8)} = \frac{11}{2}$$

(-8, -10), (5, -5)

$$\frac{-5 - (-10)}{5 - (-8)} = \frac{5}{13}$$

Find the slope of the line through each pair of points.

(11, -12), (12, -8)   (2, 12), (-12, 3)

(9, -7), (6, -6)   (2, 11), (-1, -11)

(12, 1), (4, -4)   (2, -9), (10, -3)

(12, -12), (-12, -11)   (-2, 11), (1, -9)

(3, -3), (7, 8)   (8, 10), (0, -1)

Answer Key

Find the slope of the line through each pair of points.

$(11, -12), (12, -8)$

$$\frac{-8 - (-12)}{12 - 11} = \frac{4}{1} = 4$$

$(2, 12), (-12, 3)$

$$\frac{3 - 12}{-12 - 2} = \frac{-9}{-14} = \frac{9}{14}$$

$(9, -7), (6, -6)$

$$\frac{-6 - (-7)}{6 - 9} = \frac{1}{-3} = -\frac{1}{3}$$

$(2, 11), (-1, -11)$

$$\frac{-11 - 11}{-1 - 2} = \frac{-22}{-3} = \frac{22}{3}$$

$(12, 1), (4, -4)$

$$\frac{-4 - 1}{4 - 12} = \frac{-5}{-8} = \frac{5}{8}$$

$(2, -9), (10, -3)$

$$\frac{-3 - (-9)}{10 - 2} = \frac{6}{8} = \frac{3}{4}$$

$(12, -12), (-12, -11)$

$$\frac{-11 - (-12)}{-12 - 12} = \frac{1}{-24} = -\frac{1}{24}$$

$(-2, 11), (1, -9)$

$$\frac{-9 - 11}{1 - (-2)} = \frac{-20}{3}$$

$(3, -3), (7, 8)$

$$\frac{8 - (-3)}{7 - 3} = \frac{11}{4}$$

$(8, 10), (0, -1)$

$$\frac{-1 - 10}{0 - 8} = \frac{-11}{-8} = \frac{11}{8}$$

Find the slope of the line through each pair of points.

(0, 7), (0, -2)   (-7, -9), (-9, -9)

(-10, 10), (-6, -8)   (-10, 12), (9, 6)

(0, 11), (4, -9)   (-10, 10), (12, 2)

(-1, -6), (-11, -12)   (5, -4), (-4, -10)

(-6, -11), (-5, 10)   (-6, -5), (3, -6)

Answer Key

Find the slope of the line through each pair of points.

(0, 7), (0, -2)

$$\frac{-2 - 7}{0 - 0} = \frac{-9}{0} = \text{Undef}$$

(-7, -9), (-9, -9)

$$\frac{-9 - (-9)}{-9 - (-7)} = \frac{0}{-2} = 0$$

(-10, 10), (-6, -8)

$$\frac{-8 - 10}{-6 - (-10)} = \frac{-18}{4} = -\frac{9}{2}$$

(-10, 12), (9, 6)

$$\frac{6 - 12}{9 - (-10)} = \frac{-6}{19}$$

(0, 11), (4, -9)

$$\frac{-9 - 11}{4 - 0} = \frac{-20}{4} = -5$$

(-10, 10), (12, 2)

$$\frac{2 - 10}{12 - (-10)} = \frac{-8}{22} = -\frac{4}{11}$$

(-1, -6), (-11, -12)

$$\frac{-12 - (-6)}{-11 - (-1)} = \frac{-6}{-10} = \frac{3}{5}$$

(5, -4), (-4, -10)

$$\frac{-10 - (-4)}{-4 - 5} = \frac{-6}{-9} = \frac{2}{3}$$

(-6, -11), (-5, 10)

$$\frac{10 - (-11)}{-5 - (-6)} = \frac{21}{1} = 21$$

(-6, -5), (3, -6)

$$\frac{-6 - (-5)}{3 - (-6)} = \frac{-1}{9}$$

Find the slope of the line through each pair of points.

(8, -1), (-3, -6)   (-6, 8), (11, 0)

(6, 2), (-8, 0)   (9, 4), (-11, -6)

(-12, -4), (-10, 4)   (3, 6), (11, 1)

(2, 11), (-4, 7)   (-4, -7), (3, -9)

(10, -8), (7, 2)   (0, -6), (-3, -3)

Answer Key

Find the slope of the line through each pair of points.

(8, -1), (-3, -6)

$$\frac{-6 - (-1)}{-3 - 8} = \frac{-5}{-11} = \frac{5}{11}$$

(-6, 8), (11, 0)

$$\frac{0 - 8}{11 - (-6)} = \frac{-8}{17}$$

(6, 2), (-8, 0)

$$\frac{0 - 2}{-8 - 6} = \frac{-2}{-14} = \frac{1}{7}$$

(9, 4), (-11, -6)

$$\frac{-6 - 4}{-11 - 9} = \frac{-10}{-20} = \frac{1}{2}$$

(-12, -4), (-10, 4)

$$\frac{4 - (-4)}{-10 - (-12)} = \frac{8}{2} = 4$$

(3, 6), (11, 1)

$$\frac{1 - 6}{11 - 3} = \frac{-5}{8}$$

(2, 11), (-4, 7)

$$\frac{7 - 11}{-4 - 2} = \frac{-4}{-6} = \frac{2}{3}$$

(-4, -7), (3, -9)

$$\frac{-9 - (-7)}{3 - (-4)} = \frac{-2}{7}$$

(10, -8), (7, 2)

$$\frac{2 - (-8)}{7 - 10} = \frac{10}{-3} = -\frac{10}{3}$$

(0, -6), (-3, -3)

$$\frac{-3 - (-6)}{-3 - 0} = \frac{3}{-3} = -1$$

Find the slope of the line through each pair of points.

(-12, 11), (11, -2)

(-6, -2), (2, 7)

(8, -11), (0, 3)

(-8, 3), (8, -4)

(-11, -9), (8, -10)

(7, -8), (-12, -3)

(-9, -3), (-12, -2)

(10, -5), (-10, -2)

(-3, 10), (3, 2)

(-10, -5), (-8, -3)

Answer Key

Find the slope of the line through each pair of points.

(-12, 11), (11, -2)

$$\frac{-2 - 11}{11 - (-12)} = \frac{-13}{23}$$

(-6, -2), (2, 7)

$$\frac{7 - (-2)}{2 - (-6)} = \frac{9}{8}$$

(8, -11), (0, 3)

$$\frac{3 - (-11)}{0 - 8} = \frac{14}{-8} = -\frac{7}{4}$$

(-8, 3), (8, -4)

$$\frac{-4 - 3}{8 - (-8)} = \frac{-7}{16}$$

(-11, -9), (8, -10)

$$\frac{-10 - (-9)}{8 - (-11)} = \frac{-1}{19}$$

(7, -8), (-12, -3)

$$\frac{-3 - (-8)}{-12 - 7} = \frac{5}{-19} = -\frac{5}{19}$$

(-9, -3), (-12, -2)

$$\frac{-2 - (-3)}{-12 - (-9)} = \frac{1}{-3} = -\frac{1}{3}$$

(10, -5), (-10, -2)

$$\frac{-2 - (-5)}{-10 - 10} = \frac{3}{-20} = -\frac{3}{20}$$

(-3, 10), (3, 2)

$$\frac{2 - 10}{3 - (-3)} = \frac{-8}{6} = -\frac{4}{3}$$

(-10, -5), (-8, -3)

$$\frac{-3 - (-5)}{-8 - (-10)} = \frac{2}{2} = 1$$

Find the slope of the line through each pair of points.

(-11, 0), (-8, -4)   (-7, 4), (10, -4)

(9, 1), (-11, 3)   (-8, -6), (-10, 9)

(1, 7), (-2, -1)   (-7, 12), (-9, -1)

(-10, -1), (-9, 4)   (-10, -1), (-11, 12)

(-9, 4), (0, -2)   (9, -11), (-7, -5)

Answer Key

Find the slope of the line through each pair of points.

(-11, 0), (-8, -4)

$$\frac{-4 - 0}{-8 - (-11)} = \frac{-4}{3}$$

(-7, 4), (10, -4)

$$\frac{-4 - 4}{10 - (-7)} = \frac{-8}{17}$$

(9, 1), (-11, 3)

$$\frac{3 - 1}{-11 - 9} = \frac{2}{-20} = -\frac{1}{10}$$

(-8, -6), (-10, 9)

$$\frac{9 - (-6)}{-10 - (-8)} = \frac{15}{-2} = -\frac{15}{2}$$

(1, 7), (-2, -1)

$$\frac{-1 - 7}{-2 - 1} = \frac{-8}{-3} = \frac{8}{3}$$

(-7, 12), (-9, -1)

$$\frac{-1 - 12}{-9 - (-7)} = \frac{-13}{-2} = \frac{13}{2}$$

(-10, -1), (-9, 4)

$$\frac{4 - (-1)}{-9 - (-10)} = \frac{5}{1} = 5$$

(-10, -1), (-11, 12)

$$\frac{12 - (-1)}{-11 - (-10)} = \frac{13}{-1} = -13$$

(-9, 4), (0, -2)

$$\frac{-2 - 4}{0 - (-9)} = \frac{-6}{9} = -\frac{2}{3}$$

(9, -11), (-7, -5)

$$\frac{-5 - (-11)}{-7 - 9} = \frac{6}{-16} = -\frac{3}{8}$$

Find the slope of the line through each pair of points.

(8, -5), (-6, 2)   (-6, -1), (9, 8)

(5, 10), (4, -1)   (-1, 8), (7, -9)

(-4, -7), (-1, -7)   (-7, 3), (-2, 0)

(-7, 9), (9, -10)   (3, 2), (2, 0)

(0, -8), (-11, 4)   (1, 7), (5, 9)

Answer Key

Find the slope of the line through each pair of points.

(8, -5), (-6, 2)

$$\frac{2 - (-5)}{-6 - 8} = \frac{7}{-14} = -\frac{1}{2}$$

(-6, -1), (9, 8)

$$\frac{8 - (-1)}{9 - (-6)} = \frac{9}{15} = \frac{3}{5}$$

(5, 10), (4, -1)

$$\frac{-1 - 10}{4 - 5} = \frac{-11}{-1} = 11$$

(-1, 8), (7, -9)

$$\frac{-9 - 8}{7 - (-1)} = \frac{-17}{8}$$

(-4, -7), (-1, -7)

$$\frac{-7 - (-7)}{-1 - (-4)} = \frac{0}{3} = 0$$

(-7, 3), (-2, 0)

$$\frac{0 - 3}{-2 - (-7)} = \frac{-3}{5}$$

(-7, 9), (9, -10)

$$\frac{-10 - 9}{9 - (-7)} = \frac{-19}{16}$$

(3, 2), (2, 0)

$$\frac{0 - 2}{2 - 3} = \frac{-2}{-1} = 2$$

(0, -8), (-11, 4)

$$\frac{4 - (-8)}{-11 - 0} = \frac{12}{-11} = -\frac{12}{11}$$

(1, 7), (5, 9)

$$\frac{9 - 7}{5 - 1} = \frac{2}{4} = \frac{1}{2}$$

Find the slope of the line through each pair of points.

(0, -9), (9, 2)   (-5, 1), (-11, -2)

(-5, 5), (11, 1)   (1, -3), (-4, -2)

(7, -6), (-10, -6)   (-7, 6), (-4, -3)

(-10, -7), (-10, -10)   (9, -1), (5, -12)

(10, 5), (10, -7)   (7, -5), (2, -8)

Answer Key

Find the slope of the line through each pair of points.

(0, -9), (9, 2)

$$\frac{2 - (-9)}{9 - 0} = \frac{11}{9}$$

(-5, 1), (-11, -2)

$$\frac{-2 - 1}{-11 - (-5)} = \frac{-3}{-6} = \frac{1}{2}$$

(-5, 5), (11, 1)

$$\frac{1 - 5}{11 - (-5)} = \frac{-4}{16} = -\frac{1}{4}$$

(1, -3), (-4, -2)

$$\frac{-2 - (-3)}{-4 - 1} = \frac{1}{-5} = -\frac{1}{5}$$

(7, -6), (-10, -6)

$$\frac{-6 - (-6)}{-10 - 7} = \frac{0}{-17} = 0$$

(-7, 6), (-4, -3)

$$\frac{-3 - 6}{-4 - (-7)} = \frac{-9}{3} = -3$$

(-10, -7), (-10, -10)

$$\frac{-10 - (-7)}{-10 - (-10)} = \frac{-3}{0} = \text{Undef}$$

(9, -1), (5, -12)

$$\frac{-12 - (-1)}{5 - 9} = \frac{-11}{-4} = \frac{11}{4}$$

(10, 5), (10, -7)

$$\frac{-7 - 5}{10 - 10} = \frac{-12}{0} = \text{Undef}$$

(7, -5), (2, -8)

$$\frac{-8 - (-5)}{2 - 7} = \frac{-3}{-5} = \frac{3}{5}$$

Find the slope of the line through each pair of points.

(0, 0), (-7, -2)   (6, -7), (10, 3)

(-7, 7), (3, -12)   (6, -10), (-10, 1)

(-4, 10), (-7, 0)   (-11, -1), (-7, 6)

(-3, 5), (5, -6)   (-9, -6), (5, -11)

(-12, 4), (-11, 1)   (5, 5), (-6, 2)

Answer Key

Find the slope of the line through each pair of points.

$(0, 0), (-7, -2)$

$$\frac{-2 - 0}{-7 - 0} = \frac{-2}{-7} = \frac{2}{7}$$

$(6, -7), (10, 3)$

$$\frac{3 - (-7)}{10 - 6} = \frac{10}{4} = \frac{5}{2}$$

$(-7, 7), (3, -12)$

$$\frac{-12 - 7}{3 - (-7)} = \frac{-19}{10}$$

$(6, -10), (-10, 1)$

$$\frac{1 - (-10)}{-10 - 6} = \frac{11}{-16} = -\frac{11}{16}$$

$(-4, 10), (-7, 0)$

$$\frac{0 - 10}{-7 - (-4)} = \frac{-10}{-3} = \frac{10}{3}$$

$(-11, -1), (-7, 6)$

$$\frac{6 - (-1)}{-7 - (-11)} = \frac{7}{4}$$

$(-3, 5), (5, -6)$

$$\frac{-6 - 5}{5 - (-3)} = \frac{-11}{8}$$

$(-9, -6), (5, -11)$

$$\frac{-11 - (-6)}{5 - (-9)} = \frac{-5}{14}$$

$(-12, 4), (-11, 1)$

$$\frac{1 - 4}{-11 - (-12)} = \frac{-3}{1} = -3$$

$(5, 5), (-6, 2)$

$$\frac{2 - 5}{-6 - 5} = \frac{-3}{-11} = \frac{3}{11}$$

Find the slope of the line through each pair of points.

(9, -7), (-7, -4)   (-10, -12), (-2, 8)

(-10, -8), (-11, 4)   (-6, -2), (-9, -8)

(-7, -3), (4, -3)   (4, 8), (-4, 6)

(-7, -11), (-10, 4)   (-5, -6), (8, 5)

(8, 4), (10, -1)   (-6, -5), (-11, 6)

Answer Key

Find the slope of the line through each pair of points.

$(9, -7), (-7, -4)$

$$\frac{-4 - (-7)}{-7 - 9} = \frac{3}{-16} = -\frac{3}{16}$$

$(-10, -12), (-2, 8)$

$$\frac{8 - (-12)}{-2 - (-10)} = \frac{20}{8} = \frac{5}{2}$$

$(-10, -8), (-11, 4)$

$$\frac{4 - (-8)}{-11 - (-10)} = \frac{12}{-1} = -12$$

$(-6, -2), (-9, -8)$

$$\frac{-8 - (-2)}{-9 - (-6)} = \frac{-6}{-3} = 2$$

$(-7, -3), (4, -3)$

$$\frac{-3 - (-3)}{4 - (-7)} = \frac{0}{11} = 0$$

$(4, 8), (-4, 6)$

$$\frac{6 - 8}{-4 - 4} = \frac{-2}{-8} = \frac{1}{4}$$

$(-7, -11), (-10, 4)$

$$\frac{4 - (-11)}{-10 - (-7)} = \frac{15}{-3} = -5$$

$(-5, -6), (8, 5)$

$$\frac{5 - (-6)}{8 - (-5)} = \frac{11}{13}$$

$(8, 4), (10, -1)$

$$\frac{-1 - 4}{10 - 8} = \frac{-5}{2}$$

$(-6, -5), (-11, 6)$

$$\frac{6 - (-5)}{-11 - (-6)} = \frac{11}{-5} = -\frac{11}{5}$$

Find the slope of the line through each pair of points.

(-4, -7), (-11, -11)   (-10, 5), (3, -12)

(-2, -8), (-2, 12)   (-4, 12), (5, -9)

(10, -10), (-2, -11)   (1, 9), (-3, -8)

(-6, 7), (7, 2)   (-4, -5), (-8, -6)

(-9, -12), (1, -3)   (-3, -12), (-11, 2)

Answer Key

Find the slope of the line through each pair of points.

(-4, -7), (-11, -11)

$$\frac{-11 - (-7)}{-11 - (-4)} = \frac{-4}{-7} = \frac{4}{7}$$

(-10, 5), (3, -12)

$$\frac{-12 - 5}{3 - (-10)} = \frac{-17}{13}$$

(-2, -8), (-2, 12)

$$\frac{12 - (-8)}{-2 - (-2)} = \frac{20}{0} = \text{Undef}$$

(-4, 12), (5, -9)

$$\frac{-9 - 12}{5 - (-4)} = \frac{-21}{9} = -\frac{7}{3}$$

(10, -10), (-2, -11)

$$\frac{-11 - (-10)}{-2 - 10} = \frac{-1}{-12} = \frac{1}{12}$$

(1, 9), (-3, -8)

$$\frac{-8 - 9}{-3 - 1} = \frac{-17}{-4} = \frac{17}{4}$$

(-6, 7), (7, 2)

$$\frac{2 - 7}{7 - (-6)} = \frac{-5}{13}$$

(-4, -5), (-8, -6)

$$\frac{-6 - (-5)}{-8 - (-4)} = \frac{-1}{-4} = \frac{1}{4}$$

(-9, -12), (1, -3)

$$\frac{-3 - (-12)}{1 - (-9)} = \frac{9}{10}$$

(-3, -12), (-11, 2)

$$\frac{2 - (-12)}{-11 - (-3)} = \frac{14}{-8} = -\frac{7}{4}$$

Find the slope of the line through each pair of points.

(9, 11), (-5, 9)   (6, -8), (12, 3)

(-11, 2), (-1, -12)   (-2, -11), (1, 0)

(-9, 12), (-12, 9)   (10, -9), (6, 7)

(9, -9), (3, -10)   (-10, -1), (1, 4)

(-9, -6), (-11, 10)   (0, -2), (-10, 11)

Answer Key

Find the slope of the line through each pair of points.

(9, 11), (-5, 9)

$$\frac{9 - 11}{-5 - 9} = \frac{-2}{-14} = \frac{1}{7}$$

(6, -8), (12, 3)

$$\frac{3 - (-8)}{12 - 6} = \frac{11}{6}$$

(-11, 2), (-1, -12)

$$\frac{-12 - 2}{-1 - (-11)} = \frac{-14}{10} = -\frac{7}{5}$$

(-2, -11), (1, 0)

$$\frac{0 - (-11)}{1 - (-2)} = \frac{11}{3}$$

(-9, 12), (-12, 9)

$$\frac{9 - 12}{-12 - (-9)} = \frac{-3}{-3} = 1$$

(10, -9), (6, 7)

$$\frac{7 - (-9)}{6 - 10} = \frac{16}{-4} = -4$$

(9, -9), (3, -10)

$$\frac{-10 - (-9)}{3 - 9} = \frac{-1}{-6} = \frac{1}{6}$$

(-10, -1), (1, 4)

$$\frac{4 - (-1)}{1 - (-10)} = \frac{5}{11}$$

(-9, -6), (-11, 10)

$$\frac{10 - (-6)}{-11 - (-9)} = \frac{16}{-2} = -8$$

(0, -2), (-10, 11)

$$\frac{11 - (-2)}{-10 - 0} = \frac{13}{-10} = -\frac{13}{10}$$

Find the slope of the line through each pair of points.

(0, 6), (-11, -3)   (-4, 12), (-8, -11)

(1, -7), (4, -5)   (-11, 12), (-10, 10)

(3, -6), (4, 5)   (-7, 2), (-3, 8)

(10, 3), (-6, 8)   (7, 1), (-8, 6)

(8, 7), (-9, -11)   (3, 9), (8, 7)

Answer Key

Find the slope of the line through each pair of points.

(0, 6), (-11, -3)

$$\frac{-3 - 6}{-11 - 0} = \frac{-9}{-11} = \frac{9}{11}$$

(-4, 12), (-8, -11)

$$\frac{-11 - 12}{-8 - (-4)} = \frac{-23}{-4} = \frac{23}{4}$$

(1, -7), (4, -5)

$$\frac{-5 - (-7)}{4 - 1} = \frac{2}{3}$$

(-11, 12), (-10, 10)

$$\frac{10 - 12}{-10 - (-11)} = \frac{-2}{1} = -2$$

(3, -6), (4, 5)

$$\frac{5 - (-6)}{4 - 3} = \frac{11}{1} = 11$$

(-7, 2), (-3, 8)

$$\frac{8 - 2}{-3 - (-7)} = \frac{6}{4} = \frac{3}{2}$$

(10, 3), (-6, 8)

$$\frac{8 - 3}{-6 - 10} = \frac{5}{-16} = -\frac{5}{16}$$

(7, 1), (-8, 6)

$$\frac{6 - 1}{-8 - 7} = \frac{5}{-15} = -\frac{1}{3}$$

(8, 7), (-9, -11)

$$\frac{-11 - 7}{-9 - 8} = \frac{-18}{-17} = \frac{18}{17}$$

(3, 9), (8, 7)

$$\frac{7 - 9}{8 - 3} = \frac{-2}{5}$$

Find the slope of the line through each pair of points.

(3, -9), (7, 5)   (-12, 9), (-7, -10)

(5, -10), (-3, 5)   (-4, -9), (0, -8)

(-7, 7), (-11, -8)   (-8, 11), (-3, 8)

(-11, 3), (-6, 2)   (-8, 3), (6, -7)

(3, -12), (-3, 7)   (5, -10), (-8, -8)

Answer Key

Find the slope of the line through each pair of points.

(3, -9), (7, 5)

$$\frac{5 - (-9)}{7 - 3} = \frac{14}{4} = \frac{7}{2}$$

(-12, 9), (-7, -10)

$$\frac{-10 - 9}{-7 - (-12)} = \frac{-19}{5}$$

(5, -10), (-3, 5)

$$\frac{5 - (-10)}{-3 - 5} = \frac{15}{-8} = -\frac{15}{8}$$

(-4, -9), (0, -8)

$$\frac{-8 - (-9)}{0 - (-4)} = \frac{1}{4}$$

(-7, 7), (-11, -8)

$$\frac{-8 - 7}{-11 - (-7)} = \frac{-15}{-4} = \frac{15}{4}$$

(-8, 11), (-3, 8)

$$\frac{8 - 11}{-3 - (-8)} = \frac{-3}{5}$$

(-11, 3), (-6, 2)

$$\frac{2 - 3}{-6 - (-11)} = \frac{-1}{5}$$

(-8, 3), (6, -7)

$$\frac{-7 - 3}{6 - (-8)} = \frac{-10}{14} = -\frac{5}{7}$$

(3, -12), (-3, 7)

$$\frac{7 - (-12)}{-3 - 3} = \frac{19}{-6} = -\frac{19}{6}$$

(5, -10), (-8, -8)

$$\frac{-8 - (-10)}{-8 - 5} = \frac{2}{-13} = -\frac{2}{13}$$

Find the slope of the line through each pair of points.

(-12, 2), (-6, 7)   (11, -9), (-1, 4)

(0, 12), (-7, 1)   (-11, 3), (6, -3)

(11, -1), (-11, -10)   (6, 11), (2, -7)

(0, -2), (6, 8)   (-10, -1), (10, -7)

(-1, -11), (7, -1)   (4, 11), (-8, -12)

Answer Key

Find the slope of the line through each pair of points.

$(-12, 2), (-6, 7)$

$$\frac{7 - 2}{-6 - (-12)} = \frac{5}{6}$$

$(11, -9), (-1, 4)$

$$\frac{4 - (-9)}{-1 - 11} = \frac{13}{-12} = -\frac{13}{12}$$

$(0, 12), (-7, 1)$

$$\frac{1 - 12}{-7 - 0} = \frac{-11}{-7} = \frac{11}{7}$$

$(-11, 3), (6, -3)$

$$\frac{-3 - 3}{6 - (-11)} = \frac{-6}{17}$$

$(11, -1), (-11, -10)$

$$\frac{-10 - (-1)}{-11 - 11} = \frac{-9}{-22} = \frac{9}{22}$$

$(6, 11), (2, -7)$

$$\frac{-7 - 11}{2 - 6} = \frac{-18}{-4} = \frac{9}{2}$$

$(0, -2), (6, 8)$

$$\frac{8 - (-2)}{6 - 0} = \frac{10}{6} = \frac{5}{3}$$

$(-10, -1), (10, -7)$

$$\frac{-7 - (-1)}{10 - (-10)} = \frac{-6}{20} = -\frac{3}{10}$$

$(-1, -11), (7, -1)$

$$\frac{-1 - (-11)}{7 - (-1)} = \frac{10}{8} = \frac{5}{4}$$

$(4, 11), (-8, -12)$

$$\frac{-12 - 11}{-8 - 4} = \frac{-23}{-12} = \frac{23}{12}$$

Find the slope of the line through each pair of points.

(-8, 8), (4, 2)   (-6, 0), (-5, -12)

(8, 6), (2, -4)   (-7, -1), (-3, 0)

(6, 6), (-11, 0)   (-9, -1), (-7, 12)

(-5, -6), (12, -9)   (-4, -2), (10, 4)

(4, -2), (3, -11)   (-1, 3), (-5, -8)

Answer Key

Find the slope of the line through each pair of points.

(-8, 8), (4, 2)

$$\frac{2 - 8}{4 - (-8)} = \frac{-6}{12} = -\frac{1}{2}$$

(-6, 0), (-5, -12)

$$\frac{-12 - 0}{-5 - (-6)} = \frac{-12}{1} = -12$$

(8, 6), (2, -4)

$$\frac{-4 - 6}{2 - 8} = \frac{-10}{-6} = \frac{5}{3}$$

(-7, -1), (-3, 0)

$$\frac{0 - (-1)}{-3 - (-7)} = \frac{1}{4}$$

(6, 6), (-11, 0)

$$\frac{0 - 6}{-11 - 6} = \frac{-6}{-17} = \frac{6}{17}$$

(-9, -1), (-7, 12)

$$\frac{12 - (-1)}{-7 - (-9)} = \frac{13}{2}$$

(-5, -6), (12, -9)

$$\frac{-9 - (-6)}{12 - (-5)} = \frac{-3}{17}$$

(-4, -2), (10, 4)

$$\frac{4 - (-2)}{10 - (-4)} = \frac{6}{14} = \frac{3}{7}$$

(4, -2), (3, -11)

$$\frac{-11 - (-2)}{3 - 4} = \frac{-9}{-1} = 9$$

(-1, 3), (-5, -8)

$$\frac{-8 - 3}{-5 - (-1)} = \frac{-11}{-4} = \frac{11}{4}$$

Find the slope of the line through each pair of points.

(-11, -4), (9, 10)   (-10, 9), (-5, -6)

(-11, 0), (3, -7)   (3, -11), (0, -7)

(3, -9), (-7, 1)   (-3, -8), (7, 7)

(-3, -10), (-8, -5)   (9, -12), (-9, 10)

(-3, -8), (7, 11)   (3, -6), (5, 2)

Answer Key

Find the slope of the line through each pair of points.

(-11, -4), (9, 10)

$$\frac{10 - (-4)}{9 - (-11)} = \frac{14}{20} = \frac{7}{10}$$

(-10, 9), (-5, -6)

$$\frac{-6 - 9}{-5 - (-10)} = \frac{-15}{5} = -3$$

(-11, 0), (3, -7)

$$\frac{-7 - 0}{3 - (-11)} = \frac{-7}{14} = -\frac{1}{2}$$

(3, -11), (0, -7)

$$\frac{-7 - (-11)}{0 - 3} = \frac{4}{-3} = -\frac{4}{3}$$

(3, -9), (-7, 1)

$$\frac{1 - (-9)}{-7 - 3} = \frac{10}{-10} = -1$$

(-3, -8), (7, 7)

$$\frac{7 - (-8)}{7 - (-3)} = \frac{15}{10} = \frac{3}{2}$$

(-3, -10), (-8, -5)

$$\frac{-5 - (-10)}{-8 - (-3)} = \frac{5}{-5} = -1$$

(9, -12), (-9, 10)

$$\frac{10 - (-12)}{-9 - 9} = \frac{22}{-18} = -\frac{11}{9}$$

(-3, -8), (7, 11)

$$\frac{11 - (-8)}{7 - (-3)} = \frac{19}{10}$$

(3, -6), (5, 2)

$$\frac{2 - (-6)}{5 - 3} = \frac{8}{2} = 4$$

Find the slope of the line through each pair of points.

(10, 2), (-4, -5)   (-5, -8), (2, 2)

(2, 1), (-9, -2)   (10, -2), (6, -7)

(1, 4), (10, -9)   (-2, -6), (-6, -12)

(-10, 11), (4, -1)   (11, -4), (-1, -11)

(-1, -11), (11, 8)   (5, -8), (9, -12)

Answer Key

Find the slope of the line through each pair of points.

(10, 2), (-4, -5)

$$\frac{-5 - 2}{-4 - 10} = \frac{-7}{-14} = \frac{1}{2}$$

(-5, -8), (2, 2)

$$\frac{2 - (-8)}{2 - (-5)} = \frac{10}{7}$$

(2, 1), (-9, -2)

$$\frac{-2 - 1}{-9 - 2} = \frac{-3}{-11} = \frac{3}{11}$$

(10, -2), (6, -7)

$$\frac{-7 - (-2)}{6 - 10} = \frac{-5}{-4} = \frac{5}{4}$$

(1, 4), (10, -9)

$$\frac{-9 - 4}{10 - 1} = \frac{-13}{9}$$

(-2, -6), (-6, -12)

$$\frac{-12 - (-6)}{-6 - (-2)} = \frac{-6}{-4} = \frac{3}{2}$$

(-10, 11), (4, -1)

$$\frac{-1 - 11}{4 - (-10)} = \frac{-12}{14} = -\frac{6}{7}$$

(11, -4), (-1, -11)

$$\frac{-11 - (-4)}{-1 - 11} = \frac{-7}{-12} = \frac{7}{12}$$

(-1, -11), (11, 8)

$$\frac{8 - (-11)}{11 - (-1)} = \frac{19}{12}$$

(5, -8), (9, -12)

$$\frac{-12 - (-8)}{9 - 5} = \frac{-4}{4} = -1$$

Find the slope of the line through each pair of points.

(5, -6), (10, 9)   (-12, -6), (9, -11)

(4, 12), (2, 4)   (1, -3), (-1, -7)

(-12, -8), (8, 0)   (-10, -2), (-3, -7)

(8, 10), (-9, -7)   (6, -5), (8, -12)

(-10, 1), (2, -11)   (-8, -6), (-12, 5)

Answer Key

Find the slope of the line through each pair of points.

(5, -6), (10, 9)

$$\frac{9 - (-6)}{10 - 5} = \frac{15}{5} = 3$$

(-12, -6), (9, -11)

$$\frac{-11 - (-6)}{9 - (-12)} = \frac{-5}{21}$$

(4, 12), (2, 4)

$$\frac{4 - 12}{2 - 4} = \frac{-8}{-2} = 4$$

(1, -3), (-1, -7)

$$\frac{-7 - (-3)}{-1 - 1} = \frac{-4}{-2} = 2$$

(-12, -8), (8, 0)

$$\frac{0 - (-8)}{8 - (-12)} = \frac{8}{20} = \frac{2}{5}$$

(-10, -2), (-3, -7)

$$\frac{-7 - (-2)}{-3 - (-10)} = \frac{-5}{7}$$

(8, 10), (-9, -7)

$$\frac{-7 - 10}{-9 - 8} = \frac{-17}{-17} = 1$$

(6, -5), (8, -12)

$$\frac{-12 - (-5)}{8 - 6} = \frac{-7}{2}$$

(-10, 1), (2, -11)

$$\frac{-11 - 1}{2 - (-10)} = \frac{-12}{12} = -1$$

(-8, -6), (-12, 5)

$$\frac{5 - (-6)}{-12 - (-8)} = \frac{11}{-4} = -\frac{11}{4}$$

Find the slope of the line through each pair of points.

(-9, -4), (-11, 2)   (-9, -7), (-1, 0)

(-1, -11), (3, 7)   (-10, 8), (-8, 1)

(-7, -9), (11, -1)   (12, -8), (-1, 5)

(0, -9), (-3, -10)   (5, 0), (9, 1)

(-12, -11), (7, -10)   (6, 6), (3, 7)

Answer Key

Find the slope of the line through each pair of points.

(-9, -4), (-11, 2)

$$\frac{2 - (-4)}{-11 - (-9)} = \frac{6}{-2} = -3$$

(-9, -7), (-1, 0)

$$\frac{0 - (-7)}{-1 - (-9)} = \frac{7}{8}$$

(-1, -11), (3, 7)

$$\frac{7 - (-11)}{3 - (-1)} = \frac{18}{4} = \frac{9}{2}$$

(-10, 8), (-8, 1)

$$\frac{1 - 8}{-8 - (-10)} = \frac{-7}{2}$$

(-7, -9), (11, -1)

$$\frac{-1 - (-9)}{11 - (-7)} = \frac{8}{18} = \frac{4}{9}$$

(12, -8), (-1, 5)

$$\frac{5 - (-8)}{-1 - 12} = \frac{13}{-13} = -1$$

(0, -9), (-3, -10)

$$\frac{-10 - (-9)}{-3 - 0} = \frac{-1}{-3} = \frac{1}{3}$$

(5, 0), (9, 1)

$$\frac{1 - 0}{9 - 5} = \frac{1}{4}$$

(-12, -11), (7, -10)

$$\frac{-10 - (-11)}{7 - (-12)} = \frac{1}{19}$$

(6, 6), (3, 7)

$$\frac{7 - 6}{3 - 6} = \frac{1}{-3} = -\frac{1}{3}$$

Find the slope of the line through each pair of points.

(5, 11), (12, -6)   (1, 11), (-10, -3)

(-2, 0), (5, 10)   (5, 2), (-9, -4)

(1, 4), (-4, 8)   (-5, 12), (-7, 7)

(3, -10), (4, 5)   (-6, 4), (-9, -7)

(9, -8), (-9, 5)   (-6, -3), (0, -2)

Answer Key

Find the slope of the line through each pair of points.

(5, 11), (12, -6)

$$\frac{-6 - 11}{12 - 5} = \frac{-17}{7}$$

(1, 11), (-10, -3)

$$\frac{-3 - 11}{-10 - 1} = \frac{-14}{-11} = \frac{14}{11}$$

(-2, 0), (5, 10)

$$\frac{10 - 0}{5 - (-2)} = \frac{10}{7}$$

(5, 2), (-9, -4)

$$\frac{-4 - 2}{-9 - 5} = \frac{-6}{-14} = \frac{3}{7}$$

(1, 4), (-4, 8)

$$\frac{8 - 4}{-4 - 1} = \frac{4}{-5} = -\frac{4}{5}$$

(-5, 12), (-7, 7)

$$\frac{7 - 12}{-7 - (-5)} = \frac{-5}{-2} = \frac{5}{2}$$

(3, -10), (4, 5)

$$\frac{5 - (-10)}{4 - 3} = \frac{15}{1} = 15$$

(-6, 4), (-9, -7)

$$\frac{-7 - 4}{-9 - (-6)} = \frac{-11}{-3} = \frac{11}{3}$$

(9, -8), (-9, 5)

$$\frac{5 - (-8)}{-9 - 9} = \frac{13}{-18} = -\frac{13}{18}$$

(-6, -3), (0, -2)

$$\frac{-2 - (-3)}{0 - (-6)} = \frac{1}{6}$$

Find the slope of the line through each pair of points.

(-8, 7), (-7, -1)   (7, -8), (-7, -3)

(-8, -6), (-9, -9)   (5, -8), (-12, 12)

(-12, 10), (-3, -8)   (-4, -2), (-10, -11)

(-6, 7), (-4, 4)   (-12, 1), (-7, 7)

(-7, 9), (-1, -6)   (0, -5), (-2, -9)

Answer Key

Find the slope of the line through each pair of points.

(-8, 7), (-7, -1)

$$\frac{-1 - 7}{-7 - (-8)} = \frac{-8}{1} = -8$$

(7, -8), (-7, -3)

$$\frac{-3 - (-8)}{-7 - 7} = \frac{5}{-14} = -\frac{5}{14}$$

(-8, -6), (-9, -9)

$$\frac{-9 - (-6)}{-9 - (-8)} = \frac{-3}{-1} = 3$$

(5, -8), (-12, 12)

$$\frac{12 - (-8)}{-12 - 5} = \frac{20}{-17} = -\frac{20}{17}$$

(-12, 10), (-3, -8)

$$\frac{-8 - 10}{-3 - (-12)} = \frac{-18}{9} = -2$$

(-4, -2), (-10, -11)

$$\frac{-11 - (-2)}{-10 - (-4)} = \frac{-9}{-6} = \frac{3}{2}$$

(-6, 7), (-4, 4)

$$\frac{4 - 7}{-4 - (-6)} = \frac{-3}{2}$$

(-12, 1), (-7, 7)

$$\frac{7 - 1}{-7 - (-12)} = \frac{6}{5}$$

(-7, 9), (-1, -6)

$$\frac{-6 - 9}{-1 - (-7)} = \frac{-15}{6} = -\frac{5}{2}$$

(0, -5), (-2, -9)

$$\frac{-9 - (-5)}{-2 - 0} = \frac{-4}{-2} = 2$$

Find the slope of the line through each pair of points.

(-3, 7), (-8, 3)   (-5, -8), (5, 11)

(3, -4), (-2, 12)   (-8, -11), (-9, 8)

(-7, -11), (-1, 0)   (-12, -10), (-8, -7)

(10, -6), (4, 12)   (5, -11), (-4, -10)

(-6, 12), (9, 5)   (2, -1), (-8, -5)

Answer Key

Find the slope of the line through each pair of points.

(-3, 7), (-8, 3)

$$\frac{3 - 7}{-8 - (-3)} = \frac{-4}{-5} = \frac{4}{5}$$

(-5, -8), (5, 11)

$$\frac{11 - (-8)}{5 - (-5)} = \frac{19}{10}$$

(3, -4), (-2, 12)

$$\frac{12 - (-4)}{-2 - 3} = \frac{16}{-5} = -\frac{16}{5}$$

(-8, -11), (-9, 8)

$$\frac{8 - (-11)}{-9 - (-8)} = \frac{19}{-1} = -19$$

(-7, -11), (-1, 0)

$$\frac{0 - (-11)}{-1 - (-7)} = \frac{11}{6}$$

(-12, -10), (-8, -7)

$$\frac{-7 - (-10)}{-8 - (-12)} = \frac{3}{4}$$

(10, -6), (4, 12)

$$\frac{12 - (-6)}{4 - 10} = \frac{18}{-6} = -3$$

(5, -11), (-4, -10)

$$\frac{-10 - (-11)}{-4 - 5} = \frac{1}{-9} = -\frac{1}{9}$$

(-6, 12), (9, 5)

$$\frac{5 - 12}{9 - (-6)} = \frac{-7}{15}$$

(2, -1), (-8, -5)

$$\frac{-5 - (-1)}{-8 - 2} = \frac{-4}{-10} = \frac{2}{5}$$

Find the slope of the line through each pair of points.

(-5, 9), (6, -4)   (-9, 6), (-1, -5)

(-7, 10), (-10, 6)   (-8, -7), (7, 3)

(12, 8), (-11, 11)   (4, -12), (-2, 4)

(-4, 5), (-6, 8)   (-10, 10), (-8, -9)

(-10, 10), (4, 8)   (-1, 10), (8, 7)

Answer Key

Find the slope of the line through each pair of points.

(-5, 9), (6, -4)

$$\frac{-4 - 9}{6 - (-5)} = \frac{-13}{11}$$

(-9, 6), (-1, -5)

$$\frac{-5 - 6}{-1 - (-9)} = \frac{-11}{8}$$

(-7, 10), (-10, 6)

$$\frac{6 - 10}{-10 - (-7)} = \frac{-4}{-3} = \frac{4}{3}$$

(-8, -7), (7, 3)

$$\frac{3 - (-7)}{7 - (-8)} = \frac{10}{15} = \frac{2}{3}$$

(12, 8), (-11, 11)

$$\frac{11 - 8}{-11 - 12} = \frac{3}{-23} = -\frac{3}{23}$$

(4, -12), (-2, 4)

$$\frac{4 - (-12)}{-2 - 4} = \frac{16}{-6} = -\frac{8}{3}$$

(-4, 5), (-6, 8)

$$\frac{8 - 5}{-6 - (-4)} = \frac{3}{-2} = -\frac{3}{2}$$

(-10, 10), (-8, -9)

$$\frac{-9 - 10}{-8 - (-10)} = \frac{-19}{2}$$

(-10, 10), (4, 8)

$$\frac{8 - 10}{4 - (-10)} = \frac{-2}{14} = -\frac{1}{7}$$

(-1, 10), (8, 7)

$$\frac{7 - 10}{8 - (-1)} = \frac{-3}{9} = -\frac{1}{3}$$

Find the slope of the line through each pair of points.

(11, -6), (5, -7)   (0, -3), (12, -3)

(-8, -6), (-10, -11)   (7, 1), (9, -4)

(-11, -4), (-10, 11)   (0, -11), (-11, -12)

(5, 7), (-7, -1)   (-4, 11), (-7, -12)

(-8, -6), (5, 0)   (-7, 12), (-8, -3)

Answer Key

Find the slope of the line through each pair of points.

(11, -6), (5, -7)

$$\frac{-7 - (-6)}{5 - 11} = \frac{-1}{-6} = \frac{1}{6}$$

(0, -3), (12, -3)

$$\frac{-3 - (-3)}{12 - 0} = \frac{0}{12} = 0$$

(-8, -6), (-10, -11)

$$\frac{-11 - (-6)}{-10 - (-8)} = \frac{-5}{-2} = \frac{5}{2}$$

(7, 1), (9, -4)

$$\frac{-4 - 1}{9 - 7} = \frac{-5}{2}$$

(-11, -4), (-10, 11)

$$\frac{11 - (-4)}{-10 - (-11)} = \frac{15}{1} = 15$$

(0, -11), (-11, -12)

$$\frac{-12 - (-11)}{-11 - 0} = \frac{-1}{-11} = \frac{1}{11}$$

(5, 7), (-7, -1)

$$\frac{-1 - 7}{-7 - 5} = \frac{-8}{-12} = \frac{2}{3}$$

(-4, 11), (-7, -12)

$$\frac{-12 - 11}{-7 - (-4)} = \frac{-23}{-3} = \frac{23}{3}$$

(-8, -6), (5, 0)

$$\frac{0 - (-6)}{5 - (-8)} = \frac{6}{13}$$

(-7, 12), (-8, -3)

$$\frac{-3 - 12}{-8 - (-7)} = \frac{-15}{-1} = 15$$

Find the slope of the line through each pair of points.

(-8, -1), (7, 3)   (10, -8), (3, 0)

(-4, 5), (-12, 8)   (0, -11), (8, -6)

(4, -7), (-3, -7)   (8, 12), (-10, -3)

(7, 0), (-12, 5)   (-9, -11), (-5, -10)

(-5, -11), (1, 3)   (-9, -4), (2, -7)

Answer Key

Find the slope of the line through each pair of points.

(-8, -1), (7, 3)

$$\frac{3 - (-1)}{7 - (-8)} = \frac{4}{15}$$

(10, -8), (3, 0)

$$\frac{0 - (-8)}{3 - 10} = \frac{8}{-7} = -\frac{8}{7}$$

(-4, 5), (-12, 8)

$$\frac{8 - 5}{-12 - (-4)} = \frac{3}{-8} = -\frac{3}{8}$$

(0, -11), (8, -6)

$$\frac{-6 - (-11)}{8 - 0} = \frac{5}{8}$$

(4, -7), (-3, -7)

$$\frac{-7 - (-7)}{-3 - 4} = \frac{0}{-7} = 0$$

(8, 12), (-10, -3)

$$\frac{-3 - 12}{-10 - 8} = \frac{-15}{-18} = \frac{5}{6}$$

(7, 0), (-12, 5)

$$\frac{5 - 0}{-12 - 7} = \frac{5}{-19} = -\frac{5}{19}$$

(-9, -11), (-5, -10)

$$\frac{-10 - (-11)}{-5 - (-9)} = \frac{1}{4}$$

(-5, -11), (1, 3)

$$\frac{3 - (-11)}{1 - (-5)} = \frac{14}{6} = \frac{7}{3}$$

(-9, -4), (2, -7)

$$\frac{-7 - (-4)}{2 - (-9)} = \frac{-3}{11}$$

Find the slope of the line through each pair of points.

(11, 8), (-3, -10)   (2, -8), (1, 0)

(7, -11), (-2, -2)   (-3, -2), (0, -8)

(8, 9), (1, -11)   (-3, 1), (-10, -3)

(-4, -10), (-9, 9)   (0, 6), (-2, -11)

(-10, 3), (-11, -8)   (-6, 2), (9, 6)

Answer Key

Find the slope of the line through each pair of points.

(11, 8), (-3, -10)

$$\frac{-10 - 8}{-3 - 11} = \frac{-18}{-14} = \frac{9}{7}$$

(2, -8), (1, 0)

$$\frac{0 - (-8)}{1 - 2} = \frac{8}{-1} = -8$$

(7, -11), (-2, -2)

$$\frac{-2 - (-11)}{-2 - 7} = \frac{9}{-9} = -1$$

(-3, -2), (0, -8)

$$\frac{-8 - (-2)}{0 - (-3)} = \frac{-6}{3} = -2$$

(8, 9), (1, -11)

$$\frac{-11 - 9}{1 - 8} = \frac{-20}{-7} = \frac{20}{7}$$

(-3, 1), (-10, -3)

$$\frac{-3 - 1}{-10 - (-3)} = \frac{-4}{-7} = \frac{4}{7}$$

(-4, -10), (-9, 9)

$$\frac{9 - (-10)}{-9 - (-4)} = \frac{19}{-5} = -\frac{19}{5}$$

(0, 6), (-2, -11)

$$\frac{-11 - 6}{-2 - 0} = \frac{-17}{-2} = \frac{17}{2}$$

(-10, 3), (-11, -8)

$$\frac{-8 - 3}{-11 - (-10)} = \frac{-11}{-1} = 11$$

(-6, 2), (9, 6)

$$\frac{6 - 2}{9 - (-6)} = \frac{4}{15}$$

Find the slope of the line through each pair of points.

(10, -6), (-9, -3)   (-8, 8), (-10, 5)

(9, 4), (-6, 11)   (-1, -11), (12, -6)

(4, 0), (6, 7)   (12, -12), (8, -11)

(-5, -5), (-2, -4)   (5, -5), (3, 9)

(3, 6), (-7, -8)   (-7, 12), (-2, -9)

Answer Key

Find the slope of the line through each pair of points.

(10, -6), (-9, -3)

$$\frac{-3 - (-6)}{-9 - 10} = \frac{3}{-19} = -\frac{3}{19}$$

(-8, 8), (-10, 5)

$$\frac{5 - 8}{-10 - (-8)} = \frac{-3}{-2} = \frac{3}{2}$$

(9, 4), (-6, 11)

$$\frac{11 - 4}{-6 - 9} = \frac{7}{-15} = -\frac{7}{15}$$

(-1, -11), (12, -6)

$$\frac{-6 - (-11)}{12 - (-1)} = \frac{5}{13}$$

(4, 0), (6, 7)

$$\frac{7 - 0}{6 - 4} = \frac{7}{2}$$

(12, -12), (8, -11)

$$\frac{-11 - (-12)}{8 - 12} = \frac{1}{-4} = -\frac{1}{4}$$

(-5, -5), (-2, -4)

$$\frac{-4 - (-5)}{-2 - (-5)} = \frac{1}{3}$$

(5, -5), (3, 9)

$$\frac{9 - (-5)}{3 - 5} = \frac{14}{-2} = -7$$

(3, 6), (-7, -8)

$$\frac{-8 - 6}{-7 - 3} = \frac{-14}{-10} = \frac{7}{5}$$

(-7, 12), (-2, -9)

$$\frac{-9 - 12}{-2 - (-7)} = \frac{-21}{5}$$

Find the slope of the line through each pair of points.

(-9, -12), (-6, 8)   (-7, 5), (9, -12)

(0, -6), (-10, -12)   (1, 6), (0, 1)

(8, -7), (-6, 7)   (-5, 4), (-9, -2)

(-4, -5), (-4, 7)   (2, -7), (-8, 11)

(3, 11), (-12, 6)   (9, 12), (7, 8)

Answer Key

Find the slope of the line through each pair of points.

(-9, -12), (-6, 8)

$$\frac{8 - (-12)}{-6 - (-9)} = \frac{20}{3}$$

(-7, 5), (9, -12)

$$\frac{-12 - 5}{9 - (-7)} = \frac{-17}{16}$$

(0, -6), (-10, -12)

$$\frac{-12 - (-6)}{-10 - 0} = \frac{-6}{-10} = \frac{3}{5}$$

(1, 6), (0, 1)

$$\frac{1 - 6}{0 - 1} = \frac{-5}{-1} = 5$$

(8, -7), (-6, 7)

$$\frac{7 - (-7)}{-6 - 8} = \frac{14}{-14} = -1$$

(-5, 4), (-9, -2)

$$\frac{-2 - 4}{-9 - (-5)} = \frac{-6}{-4} = \frac{3}{2}$$

(-4, -5), (-4, 7)

$$\frac{7 - (-5)}{-4 - (-4)} = \frac{12}{0} = \text{Undef}$$

(2, -7), (-8, 11)

$$\frac{11 - (-7)}{-8 - 2} = \frac{18}{-10} = -\frac{9}{5}$$

(3, 11), (-12, 6)

$$\frac{6 - 11}{-12 - 3} = \frac{-5}{-15} = \frac{1}{3}$$

(9, 12), (7, 8)

$$\frac{8 - 12}{7 - 9} = \frac{-4}{-2} = 2$$

Find the slope of the line through each pair of points.

(-4, -1), (-1, -1)   (3, 12), (-4, -4)

(10, -11), (-7, -6)   (-3, -11), (-8, 5)

(4, 7), (6, 5)   (0, -8), (-6, 8)

(-12, 5), (-10, -4)   (3, -8), (8, 9)

(7, 9), (-9, 1)   (0, -2), (-9, 8)

Answer Key

Find the slope of the line through each pair of points.

$(-4, -1), (-1, -1)$

$$\frac{-1 - (-1)}{-1 - (-4)} = \frac{0}{3} = 0$$

$(3, 12), (-4, -4)$

$$\frac{-4 - 12}{-4 - 3} = \frac{-16}{-7} = \frac{16}{7}$$

$(10, -11), (-7, -6)$

$$\frac{-6 - (-11)}{-7 - 10} = \frac{5}{-17} = -\frac{5}{17}$$

$(-3, -11), (-8, 5)$

$$\frac{5 - (-11)}{-8 - (-3)} = \frac{16}{-5} = -\frac{16}{5}$$

$(4, 7), (6, 5)$

$$\frac{5 - 7}{6 - 4} = \frac{-2}{2} = -1$$

$(0, -8), (-6, 8)$

$$\frac{8 - (-8)}{-6 - 0} = \frac{16}{-6} = -\frac{8}{3}$$

$(-12, 5), (-10, -4)$

$$\frac{-4 - 5}{-10 - (-12)} = \frac{-9}{2}$$

$(3, -8), (8, 9)$

$$\frac{9 - (-8)}{8 - 3} = \frac{17}{5}$$

$(7, 9), (-9, 1)$

$$\frac{1 - 9}{-9 - 7} = \frac{-8}{-16} = \frac{1}{2}$$

$(0, -2), (-9, 8)$

$$\frac{8 - (-2)}{-9 - 0} = \frac{10}{-9} = -\frac{10}{9}$$

Find the slope of the line through each pair of points.

(-9, 0), (7, 1)   (0, -11), (1, 11)

(8, 11), (-10, -11)   (-10, 11), (-7, -8)

(7, -9), (10, -11)   (-11, -2), (6, 7)

(-3, -6), (-2, 8)   (-2, -5), (-6, 8)

(-7, 0), (-9, -4)   (-8, -5), (-11, 9)

Answer Key

Find the slope of the line through each pair of points.

(-9, 0), (7, 1)

$$\frac{1 - 0}{7 - (-9)} = \frac{1}{16}$$

(0, -11), (1, 11)

$$\frac{11 - (-11)}{1 - 0} = \frac{22}{1} = 22$$

(8, 11), (-10, -11)

$$\frac{-11 - 11}{-10 - 8} = \frac{-22}{-18} = \frac{11}{9}$$

(-10, 11), (-7, -8)

$$\frac{-8 - 11}{-7 - (-10)} = \frac{-19}{3}$$

(7, -9), (10, -11)

$$\frac{-11 - (-9)}{10 - 7} = \frac{-2}{3}$$

(-11, -2), (6, 7)

$$\frac{7 - (-2)}{6 - (-11)} = \frac{9}{17}$$

(-3, -6), (-2, 8)

$$\frac{8 - (-6)}{-2 - (-3)} = \frac{14}{1} = 14$$

(-2, -5), (-6, 8)

$$\frac{8 - (-5)}{-6 - (-2)} = \frac{13}{-4} = -\frac{13}{4}$$

(-7, 0), (-9, -4)

$$\frac{-4 - 0}{-9 - (-7)} = \frac{-4}{-2} = 2$$

(-8, -5), (-11, 9)

$$\frac{9 - (-5)}{-11 - (-8)} = \frac{14}{-3} = -\frac{14}{3}$$

Find the slope of the line through each pair of points.

(-10, -12), (-8, 2)   (-9, -8), (1, 7)

(2, -11), (4, -5)   (-12, -6), (-11, -11)

(12, 5), (-8, -2)   (-11, -6), (-6, -7)

(-2, -1), (-1, -5)   (-3, -11), (0, 8)

(1, 12), (2, -3)   (-11, -10), (0, -11)

Answer Key

Find the slope of the line through each pair of points.

(-10, -12), (-8, 2)

$$\frac{2 - (-12)}{-8 - (-10)} = \frac{14}{2} = 7$$

(-9, -8), (1, 7)

$$\frac{7 - (-8)}{1 - (-9)} = \frac{15}{10} = \frac{3}{2}$$

(2, -11), (4, -5)

$$\frac{-5 - (-11)}{4 - 2} = \frac{6}{2} = 3$$

(-12, -6), (-11, -11)

$$\frac{-11 - (-6)}{-11 - (-12)} = \frac{-5}{1} = -5$$

(12, 5), (-8, -2)

$$\frac{-2 - 5}{-8 - 12} = \frac{-7}{-20} = \frac{7}{20}$$

(-11, -6), (-6, -7)

$$\frac{-7 - (-6)}{-6 - (-11)} = \frac{-1}{5}$$

(-2, -1), (-1, -5)

$$\frac{-5 - (-1)}{-1 - (-2)} = \frac{-4}{1} = -4$$

(-3, -11), (0, 8)

$$\frac{8 - (-11)}{0 - (-3)} = \frac{19}{3}$$

(1, 12), (2, -3)

$$\frac{-3 - 12}{2 - 1} = \frac{-15}{1} = -15$$

(-11, -10), (0, -11)

$$\frac{-11 - (-10)}{0 - (-11)} = \frac{-1}{11}$$

Find the slope of the line through each pair of points.

(-9, 6), (-3, -9)   (9, 11), (5, -4)

(-1, -11), (-4, -6)   (-4, -12), (-10, -4)

(2, 5), (-8, 6)   (-7, 12), (0, -10)

(2, 9), (-8, 7)   (6, -1), (-2, 11)

(-4, -9), (-1, -3)   (-12, 6), (-9, 7)

Answer Key

Find the slope of the line through each pair of points.

(-9, 6), (-3, -9)

$$\frac{-9 - 6}{-3 - (-9)} = \frac{-15}{6} = -\frac{5}{2}$$

(9, 11), (5, -4)

$$\frac{-4 - 11}{5 - 9} = \frac{-15}{-4} = \frac{15}{4}$$

(-1, -11), (-4, -6)

$$\frac{-6 - (-11)}{-4 - (-1)} = \frac{5}{-3} = -\frac{5}{3}$$

(-4, -12), (-10, -4)

$$\frac{-4 - (-12)}{-10 - (-4)} = \frac{8}{-6} = -\frac{4}{3}$$

(2, 5), (-8, 6)

$$\frac{6 - 5}{-8 - 2} = \frac{1}{-10} = -\frac{1}{10}$$

(-7, 12), (0, -10)

$$\frac{-10 - 12}{0 - (-7)} = \frac{-22}{7}$$

(2, 9), (-8, 7)

$$\frac{7 - 9}{-8 - 2} = \frac{-2}{-10} = \frac{1}{5}$$

(6, -1), (-2, 11)

$$\frac{11 - (-1)}{-2 - 6} = \frac{12}{-8} = -\frac{3}{2}$$

(-4, -9), (-1, -3)

$$\frac{-3 - (-9)}{-1 - (-4)} = \frac{6}{3} = 2$$

(-12, 6), (-9, 7)

$$\frac{7 - 6}{-9 - (-12)} = \frac{1}{3}$$

Find the slope of the line through each pair of points.

(-5, -8), (1, 6)   (2, 12), (10, 2)

(-1, -7), (3, 12)   (3, -5), (-4, -7)

(10, -3), (-11, 2)   (10, 4), (-5, 6)

(9, 12), (-5, 8)   (-10, 0), (-5, 4)

(6, 4), (3, -4)   (3, -7), (8, -3)

Answer Key

Find the slope of the line through each pair of points.

(-5, -8), (1, 6)

$$\frac{6 - (-8)}{1 - (-5)} = \frac{14}{6} = \frac{7}{3}$$

(2, 12), (10, 2)

$$\frac{2 - 12}{10 - 2} = \frac{-10}{8} = -\frac{5}{4}$$

(-1, -7), (3, 12)

$$\frac{12 - (-7)}{3 - (-1)} = \frac{19}{4}$$

(3, -5), (-4, -7)

$$\frac{-7 - (-5)}{-4 - 3} = \frac{-2}{-7} = \frac{2}{7}$$

(10, -3), (-11, 2)

$$\frac{2 - (-3)}{-11 - 10} = \frac{5}{-21} = -\frac{5}{21}$$

(10, 4), (-5, 6)

$$\frac{6 - 4}{-5 - 10} = \frac{2}{-15} = -\frac{2}{15}$$

(9, 12), (-5, 8)

$$\frac{8 - 12}{-5 - 9} = \frac{-4}{-14} = \frac{2}{7}$$

(-10, 0), (-5, 4)

$$\frac{4 - 0}{-5 - (-10)} = \frac{4}{5}$$

(6, 4), (3, -4)

$$\frac{-4 - 4}{3 - 6} = \frac{-8}{-3} = \frac{8}{3}$$

(3, -7), (8, -3)

$$\frac{-3 - (-7)}{8 - 3} = \frac{4}{5}$$

Find the slope of the line through each pair of points.

(-5, -6), (-4, -4)   (9, -8), (12, 11)

(2, -11), (5, -8)   (3, -3), (-7, -12)

(2, 8), (-6, 11)   (0, 12), (-12, -1)

(2, -9), (-11, -1)   (0, 9), (-2, 1)

(0, 4), (-2, -2)   (-11, 6), (8, -11)

Answer Key

Find the slope of the line through each pair of points.

(-5, -6), (-4, -4)

$$\frac{-4 - (-6)}{-4 - (-5)} = \frac{2}{1} = 2$$

(9, -8), (12, 11)

$$\frac{11 - (-8)}{12 - 9} = \frac{19}{3}$$

(2, -11), (5, -8)

$$\frac{-8 - (-11)}{5 - 2} = \frac{3}{3} = 1$$

(3, -3), (-7, -12)

$$\frac{-12 - (-3)}{-7 - 3} = \frac{-9}{-10} = \frac{9}{10}$$

(2, 8), (-6, 11)

$$\frac{11 - 8}{-6 - 2} = \frac{3}{-8} = -\frac{3}{8}$$

(0, 12), (-12, -1)

$$\frac{-1 - 12}{-12 - 0} = \frac{-13}{-12} = \frac{13}{12}$$

(2, -9), (-11, -1)

$$\frac{-1 - (-9)}{-11 - 2} = \frac{8}{-13} = -\frac{8}{13}$$

(0, 9), (-2, 1)

$$\frac{1 - 9}{-2 - 0} = \frac{-8}{-2} = 4$$

(0, 4), (-2, -2)

$$\frac{-2 - 4}{-2 - 0} = \frac{-6}{-2} = 3$$

(-11, 6), (8, -11)

$$\frac{-11 - 6}{8 - (-11)} = \frac{-17}{19}$$

Find the slope of the line through each pair of points.

(2, -12), (-1, -5)   (-10, 8), (-9, -12)

(9, 10), (1, 8)   (0, 10), (-4, -9)

(-11, 9), (4, -11)   (0, -2), (-8, -1)

(-2, 4), (1, -10)   (-7, 12), (0, -8)

(-1, -6), (-6, 5)   (-9, -10), (-2, 10)

Answer Key

Find the slope of the line through each pair of points.

(2, -12), (-1, -5)

$$\frac{-5 - (-12)}{-1 - 2} = \frac{7}{-3} = -\frac{7}{3}$$

(-10, 8), (-9, -12)

$$\frac{-12 - 8}{-9 - (-10)} = \frac{-20}{1} = -20$$

(9, 10), (1, 8)

$$\frac{8 - 10}{1 - 9} = \frac{-2}{-8} = \frac{1}{4}$$

(0, 10), (-4, -9)

$$\frac{-9 - 10}{-4 - 0} = \frac{-19}{-4} = \frac{19}{4}$$

(-11, 9), (4, -11)

$$\frac{-11 - 9}{4 - (-11)} = \frac{-20}{15} = -\frac{4}{3}$$

(0, -2), (-8, -1)

$$\frac{-1 - (-2)}{-8 - 0} = \frac{1}{-8} = -\frac{1}{8}$$

(-2, 4), (1, -10)

$$\frac{-10 - 4}{1 - (-2)} = \frac{-14}{3}$$

(-7, 12), (0, -8)

$$\frac{-8 - 12}{0 - (-7)} = \frac{-20}{7}$$

(-1, -6), (-6, 5)

$$\frac{5 - (-6)}{-6 - (-1)} = \frac{11}{-5} = -\frac{11}{5}$$

(-9, -10), (-2, 10)

$$\frac{10 - (-10)}{-2 - (-9)} = \frac{20}{7}$$

Find the slope of the line through each pair of points.

(-8, 0), (3, -7)   (-6, 8), (-11, -4)

(4, -6), (-1, -8)   (-4, -6), (-7, -10)

(-2, 9), (1, 12)   (10, -8), (-10, 11)

(-11, -2), (-9, -9)   (4, -2), (-10, -7)

(0, -7), (-5, 8)   (-2, 5), (-9, -10)

Answer Key

Find the slope of the line through each pair of points.

(-8, 0), (3, -7)

$$\frac{-7 - 0}{3 - (-8)} = \frac{-7}{11}$$

(-6, 8), (-11, -4)

$$\frac{-4 - 8}{-11 - (-6)} = \frac{-12}{-5} = \frac{12}{5}$$

(4, -6), (-1, -8)

$$\frac{-8 - (-6)}{-1 - 4} = \frac{-2}{-5} = \frac{2}{5}$$

(-4, -6), (-7, -10)

$$\frac{-10 - (-6)}{-7 - (-4)} = \frac{-4}{-3} = \frac{4}{3}$$

(-2, 9), (1, 12)

$$\frac{12 - 9}{1 - (-2)} = \frac{3}{3} = 1$$

(10, -8), (-10, 11)

$$\frac{11 - (-8)}{-10 - 10} = \frac{19}{-20} = -\frac{19}{20}$$

(-11, -2), (-9, -9)

$$\frac{-9 - (-2)}{-9 - (-11)} = \frac{-7}{2}$$

(4, -2), (-10, -7)

$$\frac{-7 - (-2)}{-10 - 4} = \frac{-5}{-14} = \frac{5}{14}$$

(0, -7), (-5, 8)

$$\frac{8 - (-7)}{-5 - 0} = \frac{15}{-5} = -3$$

(-2, 5), (-9, -10)

$$\frac{-10 - 5}{-9 - (-2)} = \frac{-15}{-7} = \frac{15}{7}$$

Find the slope of the line through each pair of points.

(-5, -11), (-7, -5)   (-5, -8), (-4, -10)

(-4, -11), (-6, -4)   (-10, -8), (7, 4)

(-10, -7), (5, -2)   (-4, 7), (-7, -8)

(1, 6), (-2, -11)   (5, -1), (-6, -12)

(-6, -6), (-11, -7)   (8, -7), (4, -3)

Answer Key

Find the slope of the line through each pair of points.

(-5, -11), (-7, -5)

$$\frac{-5 - (-11)}{-7 - (-5)} = \frac{6}{-2} = -3$$

(-5, -8), (-4, -10)

$$\frac{-10 - (-8)}{-4 - (-5)} = \frac{-2}{1} = -2$$

(-4, -11), (-6, -4)

$$\frac{-4 - (-11)}{-6 - (-4)} = \frac{7}{-2} = -\frac{7}{2}$$

(-10, -8), (7, 4)

$$\frac{4 - (-8)}{7 - (-10)} = \frac{12}{17}$$

(-10, -7), (5, -2)

$$\frac{-2 - (-7)}{5 - (-10)} = \frac{5}{15} = \frac{1}{3}$$

(-4, 7), (-7, -8)

$$\frac{-8 - 7}{-7 - (-4)} = \frac{-15}{-3} = 5$$

(1, 6), (-2, -11)

$$\frac{-11 - 6}{-2 - 1} = \frac{-17}{-3} = \frac{17}{3}$$

(5, -1), (-6, -12)

$$\frac{-12 - (-1)}{-6 - 5} = \frac{-11}{-11} = 1$$

(-6, -6), (-11, -7)

$$\frac{-7 - (-6)}{-11 - (-6)} = \frac{-1}{-5} = \frac{1}{5}$$

(8, -7), (4, -3)

$$\frac{-3 - (-7)}{4 - 8} = \frac{4}{-4} = -1$$

Find the slope of the line through each pair of points.

(-3, -6), (-12, 1)   (-11, -7), (-4, -9)

(3, -5), (-9, -10)   (-7, -10), (-3, -10)

(-3, 7), (3, -7)   (-11, 7), (-2, 3)

(2, -5), (-8, 1)   (5, 11), (-4, 7)

(-2, 6), (9, 6)   (0, -11), (-10, -5)

Answer Key

Find the slope of the line through each pair of points.

(-3, -6), (-12, 1)

$$\frac{1 - (-6)}{-12 - (-3)} = \frac{7}{-9} = -\frac{7}{9}$$

(-11, -7), (-4, -9)

$$\frac{-9 - (-7)}{-4 - (-11)} = \frac{-2}{7}$$

(3, -5), (-9, -10)

$$\frac{-10 - (-5)}{-9 - 3} = \frac{-5}{-12} = \frac{5}{12}$$

(-7, -10), (-3, -10)

$$\frac{-10 - (-10)}{-3 - (-7)} = \frac{0}{4} = 0$$

(-3, 7), (3, -7)

$$\frac{-7 - 7}{3 - (-3)} = \frac{-14}{6} = -\frac{7}{3}$$

(-11, 7), (-2, 3)

$$\frac{3 - 7}{-2 - (-11)} = \frac{-4}{9}$$

(2, -5), (-8, 1)

$$\frac{1 - (-5)}{-8 - 2} = \frac{6}{-10} = -\frac{3}{5}$$

(5, 11), (-4, 7)

$$\frac{7 - 11}{-4 - 5} = \frac{-4}{-9} = \frac{4}{9}$$

(-2, 6), (9, 6)

$$\frac{6 - 6}{9 - (-2)} = \frac{0}{11} = 0$$

(0, -11), (-10, -5)

$$\frac{-5 - (-11)}{-10 - 0} = \frac{6}{-10} = -\frac{3}{5}$$

Find the slope of the line through each pair of points.

(6, 5), (-12, 5)   (12, -12), (5, 8)

(12, 5), (12, -9)   (3, 6), (-5, 12)

(4, 4), (-11, -12)   (-2, 1), (10, -11)

(-12, 8), (0, 11)   (5, -4), (1, 7)

(-11, -7), (-10, 0)   (-3, 2), (-9, 12)

Answer Key

Find the slope of the line through each pair of points.

$(6, 5), (-12, 5)$

$$\frac{5 - 5}{-12 - 6} = \frac{0}{-18} = 0$$

$(12, -12), (5, 8)$

$$\frac{8 - (-12)}{5 - 12} = \frac{20}{-7} = -\frac{20}{7}$$

$(12, 5), (12, -9)$

$$\frac{-9 - 5}{12 - 12} = \frac{-14}{0} = \text{Undef}$$

$(3, 6), (-5, 12)$

$$\frac{12 - 6}{-5 - 3} = \frac{6}{-8} = -\frac{3}{4}$$

$(4, 4), (-11, -12)$

$$\frac{-12 - 4}{-11 - 4} = \frac{-16}{-15} = \frac{16}{15}$$

$(-2, 1), (10, -11)$

$$\frac{-11 - 1}{10 - (-2)} = \frac{-12}{12} = -1$$

$(-12, 8), (0, 11)$

$$\frac{11 - 8}{0 - (-12)} = \frac{3}{12} = \frac{1}{4}$$

$(5, -4), (1, 7)$

$$\frac{7 - (-4)}{1 - 5} = \frac{11}{-4} = -\frac{11}{4}$$

$(-11, -7), (-10, 0)$

$$\frac{0 - (-7)}{-10 - (-11)} = \frac{7}{1} = 7$$

$(-3, 2), (-9, 12)$

$$\frac{12 - 2}{-9 - (-3)} = \frac{10}{-6} = -\frac{5}{3}$$

Find the slope of the line through each pair of points.

(-1, 5), (-9, -11)   (-5, 4), (-5, 10)

(2, -3), (3, 1)   (9, 6), (-4, 11)

(-5, -7), (3, -10)   (-9, -1), (-4, -11)

(-11, -5), (5, -10)   (-5, -2), (12, 11)

(-10, -1), (-3, 7)   (10, -7), (5, 6)

Answer Key

Find the slope of the line through each pair of points.

$(-1, 5), (-9, -11)$

$$\frac{-11 - 5}{-9 - (-1)} = \frac{-16}{-8} = 2$$

$(-5, 4), (-5, 10)$

$$\frac{10 - 4}{-5 - (-5)} = \frac{6}{0} = \text{Undef}$$

$(2, -3), (3, 1)$

$$\frac{1 - (-3)}{3 - 2} = \frac{4}{1} = 4$$

$(9, 6), (-4, 11)$

$$\frac{11 - 6}{-4 - 9} = \frac{5}{-13} = -\frac{5}{13}$$

$(-5, -7), (3, -10)$

$$\frac{-10 - (-7)}{3 - (-5)} = \frac{-3}{8}$$

$(-9, -1), (-4, -11)$

$$\frac{-11 - (-1)}{-4 - (-9)} = \frac{-10}{5} = -2$$

$(-11, -5), (5, -10)$

$$\frac{-10 - (-5)}{5 - (-11)} = \frac{-5}{16}$$

$(-5, -2), (12, 11)$

$$\frac{11 - (-2)}{12 - (-5)} = \frac{13}{17}$$

$(-10, -1), (-3, 7)$

$$\frac{7 - (-1)}{-3 - (-10)} = \frac{8}{7}$$

$(10, -7), (5, 6)$

$$\frac{6 - (-7)}{5 - 10} = \frac{13}{-5} = -\frac{13}{5}$$

Find the slope of the line through each pair of points.

(0, 3), (-6, -9)   (-11, -7), (11, 6)

(8, 2), (12, -3)   (6, -11), (8, -10)

(0, 9), (-8, 12)   (5, -10), (1, -3)

(-10, -11), (-3, -4)   (-5, 7), (3, 3)

(1, 6), (3, -9)   (-3, 8), (12, 7)

Answer Key

Find the slope of the line through each pair of points.

(0, 3), (-6, -9)

$$\frac{-9 - 3}{-6 - 0} = \frac{-12}{-6} = 2$$

(-11, -7), (11, 6)

$$\frac{6 - (-7)}{11 - (-11)} = \frac{13}{22}$$

(8, 2), (12, -3)

$$\frac{-3 - 2}{12 - 8} = \frac{-5}{4}$$

(6, -11), (8, -10)

$$\frac{-10 - (-11)}{8 - 6} = \frac{1}{2}$$

(0, 9), (-8, 12)

$$\frac{12 - 9}{-8 - 0} = \frac{3}{-8} = -\frac{3}{8}$$

(5, -10), (1, -3)

$$\frac{-3 - (-10)}{1 - 5} = \frac{7}{-4} = -\frac{7}{4}$$

(-10, -11), (-3, -4)

$$\frac{-4 - (-11)}{-3 - (-10)} = \frac{7}{7} = 1$$

(-5, 7), (3, 3)

$$\frac{3 - 7}{3 - (-5)} = \frac{-4}{8} = -\frac{1}{2}$$

(1, 6), (3, -9)

$$\frac{-9 - 6}{3 - 1} = \frac{-15}{2}$$

(-3, 8), (12, 7)

$$\frac{7 - 8}{12 - (-3)} = \frac{-1}{15}$$

Find the slope of the line through each pair of points.

(-7, 3), (10, -3)   (-10, -3), (-3, -11)

(5, -1), (9, -11)   (5, -12), (4, 5)

(6, -1), (1, -10)   (-10, -2), (-11, -5)

(1, 3), (1, -5)   (12, -5), (8, 5)

(-8, 0), (-1, 11)   (-7, 9), (-12, 5)

Answer Key

Find the slope of the line through each pair of points.

(-7, 3), (10, -3)

$$\frac{-3 - 3}{10 - (-7)} = \frac{-6}{17}$$

(-10, -3), (-3, -11)

$$\frac{-11 - (-3)}{-3 - (-10)} = \frac{-8}{7}$$

(5, -1), (9, -11)

$$\frac{-11 - (-1)}{9 - 5} = \frac{-10}{4} = -\frac{5}{2}$$

(5, -12), (4, 5)

$$\frac{5 - (-12)}{4 - 5} = \frac{17}{-1} = -17$$

(6, -1), (1, -10)

$$\frac{-10 - (-1)}{1 - 6} = \frac{-9}{-5} = \frac{9}{5}$$

(-10, -2), (-11, -5)

$$\frac{-5 - (-2)}{-11 - (-10)} = \frac{-3}{-1} = 3$$

(1, 3), (1, -5)

$$\frac{-5 - 3}{1 - 1} = \frac{-8}{0} = \text{Undef}$$

(12, -5), (8, 5)

$$\frac{5 - (-5)}{8 - 12} = \frac{10}{-4} = -\frac{5}{2}$$

(-8, 0), (-1, 11)

$$\frac{11 - 0}{-1 - (-8)} = \frac{11}{7}$$

(-7, 9), (-12, 5)

$$\frac{5 - 9}{-12 - (-7)} = \frac{-4}{-5} = \frac{4}{5}$$

Find the slope of the line through each pair of points.

(-9, 1), (-6, -9)   (-10, 4), (2, 6)

(12, -3), (-9, -10)   (-5, 7), (5, -7)

(9, -2), (-4, 12)   (9, 12), (-3, -6)

(7, 10), (-7, -10)   (-6, 9), (8, -8)

(4, 11), (-5, 1)   (-9, -8), (9, -9)

Answer Key

Find the slope of the line through each pair of points.

(-9, 1), (-6, -9)

$$\frac{-9 - 1}{-6 - (-9)} = \frac{-10}{3}$$

(-10, 4), (2, 6)

$$\frac{6 - 4}{2 - (-10)} = \frac{2}{12} = \frac{1}{6}$$

(12, -3), (-9, -10)

$$\frac{-10 - (-3)}{-9 - 12} = \frac{-7}{-21} = \frac{1}{3}$$

(-5, 7), (5, -7)

$$\frac{-7 - 7}{5 - (-5)} = \frac{-14}{10} = -\frac{7}{5}$$

(9, -2), (-4, 12)

$$\frac{12 - (-2)}{-4 - 9} = \frac{14}{-13} = -\frac{14}{13}$$

(9, 12), (-3, -6)

$$\frac{-6 - 12}{-3 - 9} = \frac{-18}{-12} = \frac{3}{2}$$

(7, 10), (-7, -10)

$$\frac{-10 - 10}{-7 - 7} = \frac{-20}{-14} = \frac{10}{7}$$

(-6, 9), (8, -8)

$$\frac{-8 - 9}{8 - (-6)} = \frac{-17}{14}$$

(4, 11), (-5, 1)

$$\frac{1 - 11}{-5 - 4} = \frac{-10}{-9} = \frac{10}{9}$$

(-9, -8), (9, -9)

$$\frac{-9 - (-8)}{9 - (-9)} = \frac{-1}{18}$$

Find the slope of the line through each pair of points.

(-12, -9), (9, -11)   (1, -2), (5, 9)

(-9, 2), (-7, 12)   (9, 5), (-4, -11)

(7, 1), (-6, 10)   (11, -5), (-1, -7)

(0, 8), (0, 1)   (1, -2), (-8, -5)

(-1, 2), (11, 0)   (-12, -5), (-11, -7)

Answer Key

Find the slope of the line through each pair of points.

(-12, -9), (9, -11)

$$\frac{-11 - (-9)}{9 - (-12)} = \frac{-2}{21}$$

(1, -2), (5, 9)

$$\frac{9 - (-2)}{5 - 1} = \frac{11}{4}$$

(-9, 2), (-7, 12)

$$\frac{12 - 2}{-7 - (-9)} = \frac{10}{2} = 5$$

(9, 5), (-4, -11)

$$\frac{-11 - 5}{-4 - 9} = \frac{-16}{-13} = \frac{16}{13}$$

(7, 1), (-6, 10)

$$\frac{10 - 1}{-6 - 7} = \frac{9}{-13} = -\frac{9}{13}$$

(11, -5), (-1, -7)

$$\frac{-7 - (-5)}{-1 - 11} = \frac{-2}{-12} = \frac{1}{6}$$

(0, 8), (0, 1)

$$\frac{1 - 8}{0 - 0} = \frac{-7}{0} = \text{Undef}$$

(1, -2), (-8, -5)

$$\frac{-5 - (-2)}{-8 - 1} = \frac{-3}{-9} = \frac{1}{3}$$

(-1, 2), (11, 0)

$$\frac{0 - 2}{11 - (-1)} = \frac{-2}{12} = -\frac{1}{6}$$

(-12, -5), (-11, -7)

$$\frac{-7 - (-5)}{-11 - (-12)} = \frac{-2}{1} = -2$$

Find the slope of the line through each pair of points.

(-4, -10), (3, -4)   (-11, 10), (-9, -6)

(7, -6), (-3, -6)   (-4, -6), (-11, -6)

(-10, 7), (-10, -9)   (-11, 6), (-4, -6)

(2, 7), (-10, -1)   (-11, -2), (-1, 6)

(-10, -10), (3, -7)   (-11, -10), (2, -11)

Answer Key

Find the slope of the line through each pair of points.

(-4, -10), (3, -4)

$$\frac{-4 - (-10)}{3 - (-4)} = \frac{6}{7}$$

(-11, 10), (-9, -6)

$$\frac{-6 - 10}{-9 - (-11)} = \frac{-16}{2} = -8$$

(7, -6), (-3, -6)

$$\frac{-6 - (-6)}{-3 - 7} = \frac{0}{-10} = 0$$

(-4, -6), (-11, -6)

$$\frac{-6 - (-6)}{-11 - (-4)} = \frac{0}{-7} = 0$$

(-10, 7), (-10, -9)

$$\frac{-9 - 7}{-10 - (-10)} = \frac{-16}{0} = \text{Undef}$$

(-11, 6), (-4, -6)

$$\frac{-6 - 6}{-4 - (-11)} = \frac{-12}{7}$$

(2, 7), (-10, -1)

$$\frac{-1 - 7}{-10 - 2} = \frac{-8}{-12} = \frac{2}{3}$$

(-11, -2), (-1, 6)

$$\frac{6 - (-2)}{-1 - (-11)} = \frac{8}{10} = \frac{4}{5}$$

(-10, -10), (3, -7)

$$\frac{-7 - (-10)}{3 - (-10)} = \frac{3}{13}$$

(-11, -10), (2, -11)

$$\frac{-11 - (-10)}{2 - (-11)} = \frac{-1}{13}$$

Find the slope of the line through each pair of points.

(5, 8), (10, -4)   (7, -11), (4, 12)

(-4, -1), (-6, 7)   (2, 10), (-9, -8)

(-9, -10), (-11, -6)   (-11, 12), (-3, 2)

(-8, 2), (-3, -7)   (3, -12), (-10, -8)

(8, -7), (-3, -4)   (-5, 7), (3, -11)

Answer Key

Find the slope of the line through each pair of points.

(5, 8), (10, -4)

$$\frac{-4 - 8}{10 - 5} = \frac{-12}{5}$$

(7, -11), (4, 12)

$$\frac{12 - (-11)}{4 - 7} = \frac{23}{-3} = -\frac{23}{3}$$

(-4, -1), (-6, 7)

$$\frac{7 - (-1)}{-6 - (-4)} = \frac{8}{-2} = -4$$

(2, 10), (-9, -8)

$$\frac{-8 - 10}{-9 - 2} = \frac{-18}{-11} = \frac{18}{11}$$

(-9, -10), (-11, -6)

$$\frac{-6 - (-10)}{-11 - (-9)} = \frac{4}{-2} = -2$$

(-11, 12), (-3, 2)

$$\frac{2 - 12}{-3 - (-11)} = \frac{-10}{8} = -\frac{5}{4}$$

(-8, 2), (-3, -7)

$$\frac{-7 - 2}{-3 - (-8)} = \frac{-9}{5}$$

(3, -12), (-10, -8)

$$\frac{-8 - (-12)}{-10 - 3} = \frac{4}{-13} = -\frac{4}{13}$$

(8, -7), (-3, -4)

$$\frac{-4 - (-7)}{-3 - 8} = \frac{3}{-11} = -\frac{3}{11}$$

(-5, 7), (3, -11)

$$\frac{-11 - 7}{3 - (-5)} = \frac{-18}{8} = -\frac{9}{4}$$

Find the slope of the line through each pair of points.

(-10, -6), (5, -5)   (-10, 10), (-1, 0)

(-2, -6), (2, -12)   (9, -7), (-3, -2)

(-5, 3), (12, -11)   (-11, 7), (3, -12)

(-5, -1), (-7, -8)   (-3, 4), (-11, 0)

(2, 2), (-2, -4)   (8, 0), (-11, 8)

Answer Key

Find the slope of the line through each pair of points.

(-10, -6), (5, -5)

$$\frac{-5 - (-6)}{5 - (-10)} = \frac{1}{15}$$

(-10, 10), (-1, 0)

$$\frac{0 - 10}{-1 - (-10)} = \frac{-10}{9}$$

(-2, -6), (2, -12)

$$\frac{-12 - (-6)}{2 - (-2)} = \frac{-6}{4} = -\frac{3}{2}$$

(9, -7), (-3, -2)

$$\frac{-2 - (-7)}{-3 - 9} = \frac{5}{-12} = -\frac{5}{12}$$

(-5, 3), (12, -11)

$$\frac{-11 - 3}{12 - (-5)} = \frac{-14}{17}$$

(-11, 7), (3, -12)

$$\frac{-12 - 7}{3 - (-11)} = \frac{-19}{14}$$

(-5, -1), (-7, -8)

$$\frac{-8 - (-1)}{-7 - (-5)} = \frac{-7}{-2} = \frac{7}{2}$$

(-3, 4), (-11, 0)

$$\frac{0 - 4}{-11 - (-3)} = \frac{-4}{-8} = \frac{1}{2}$$

(2, 2), (-2, -4)

$$\frac{-4 - 2}{-2 - 2} = \frac{-6}{-4} = \frac{3}{2}$$

(8, 0), (-11, 8)

$$\frac{8 - 0}{-11 - 8} = \frac{8}{-19} = -\frac{8}{19}$$

Find the slope of the line through each pair of points.

(-5, 10), (-1, 1)   (-7, 10), (12, 12)

(-11, 9), (-7, 6)   (-10, -3), (0, -2)

(-7, 4), (4, 2)   (-9, -3), (3, -10)

(11, -7), (-5, -4)   (8, -1), (8, -9)

(6, 0), (3, 0)   (9, 3), (7, -9)

Answer Key

Find the slope of the line through each pair of points.

(-5, 10), (-1, 1)

$$\frac{1 - 10}{-1 - (-5)} = \frac{-9}{4}$$

(-7, 10), (12, 12)

$$\frac{12 - 10}{12 - (-7)} = \frac{2}{19}$$

(-11, 9), (-7, 6)

$$\frac{6 - 9}{-7 - (-11)} = \frac{-3}{4}$$

(-10, -3), (0, -2)

$$\frac{-2 - (-3)}{0 - (-10)} = \frac{1}{10}$$

(-7, 4), (4, 2)

$$\frac{2 - 4}{4 - (-7)} = \frac{-2}{11}$$

(-9, -3), (3, -10)

$$\frac{-10 - (-3)}{3 - (-9)} = \frac{-7}{12}$$

(11, -7), (-5, -4)

$$\frac{-4 - (-7)}{-5 - 11} = \frac{3}{-16} = -\frac{3}{16}$$

(8, -1), (8, -9)

$$\frac{-9 - (-1)}{8 - 8} = \frac{-8}{0} = \text{Undef}$$

(6, 0), (3, 0)

$$\frac{0 - 0}{3 - 6} = \frac{0}{-3} = 0$$

(9, 3), (7, -9)

$$\frac{-9 - 3}{7 - 9} = \frac{-12}{-2} = 6$$

Find the slope of the line through each pair of points.

(-11, -2), (-1, 4)   (2, -12), (-12, -8)

(-11, -10), (-2, -4)   (3, 2), (-10, 9)

(-7, 6), (7, -6)   (9, -8), (-1, 4)

(8, -10), (-1, -9)   (-6, 10), (-12, -10)

(7, 5), (-6, -11)   (-8, 8), (-11, -11)

Answer Key

Find the slope of the line through each pair of points.

(-11, -2), (-1, 4)

$$\frac{4 - (-2)}{-1 - (-11)} = \frac{6}{10} = \frac{3}{5}$$

(2, -12), (-12, -8)

$$\frac{-8 - (-12)}{-12 - 2} = \frac{4}{-14} = -\frac{2}{7}$$

(-11, -10), (-2, -4)

$$\frac{-4 - (-10)}{-2 - (-11)} = \frac{6}{9} = \frac{2}{3}$$

(3, 2), (-10, 9)

$$\frac{9 - 2}{-10 - 3} = \frac{7}{-13} = -\frac{7}{13}$$

(-7, 6), (7, -6)

$$\frac{-6 - 6}{7 - (-7)} = \frac{-12}{14} = -\frac{6}{7}$$

(9, -8), (-1, 4)

$$\frac{4 - (-8)}{-1 - 9} = \frac{12}{-10} = -\frac{6}{5}$$

(8, -10), (-1, -9)

$$\frac{-9 - (-10)}{-1 - 8} = \frac{1}{-9} = -\frac{1}{9}$$

(-6, 10), (-12, -10)

$$\frac{-10 - 10}{-12 - (-6)} = \frac{-20}{-6} = \frac{10}{3}$$

(7, 5), (-6, -11)

$$\frac{-11 - 5}{-6 - 7} = \frac{-16}{-13} = \frac{16}{13}$$

(-8, 8), (-11, -11)

$$\frac{-11 - 8}{-11 - (-8)} = \frac{-19}{-3} = \frac{19}{3}$$

Find the slope of the line through each pair of points.

(9, -8), (-2, -2)   (-10, 4), (4, 11)

(1, 8), (3, 9)   (-12, -9), (-5, 11)

(9, -10), (2, 0)   (-6, -7), (3, -1)

(0, 1), (11, -4)   (-5, 1), (4, -12)

(-12, 1), (12, -7)   (2, 7), (-8, 10)

Answer Key

Find the slope of the line through each pair of points.

(9, -8), (-2, -2)

$$\frac{-2 - (-8)}{-2 - 9} = \frac{6}{-11} = -\frac{6}{11}$$

(-10, 4), (4, 11)

$$\frac{11 - 4}{4 - (-10)} = \frac{7}{14} = \frac{1}{2}$$

(1, 8), (3, 9)

$$\frac{9 - 8}{3 - 1} = \frac{1}{2}$$

(-12, -9), (-5, 11)

$$\frac{11 - (-9)}{-5 - (-12)} = \frac{20}{7}$$

(9, -10), (2, 0)

$$\frac{0 - (-10)}{2 - 9} = \frac{10}{-7} = -\frac{10}{7}$$

(-6, -7), (3, -1)

$$\frac{-1 - (-7)}{3 - (-6)} = \frac{6}{9} = \frac{2}{3}$$

(0, 1), (11, -4)

$$\frac{-4 - 1}{11 - 0} = \frac{-5}{11}$$

(-5, 1), (4, -12)

$$\frac{-12 - 1}{4 - (-5)} = \frac{-13}{9}$$

(-12, 1), (12, -7)

$$\frac{-7 - 1}{12 - (-12)} = \frac{-8}{24} = -\frac{1}{3}$$

(2, 7), (-8, 10)

$$\frac{10 - 7}{-8 - 2} = \frac{3}{-10} = -\frac{3}{10}$$

Find the slope of the line through each pair of points.

(-2, 8), (-10, 2)   (2, -5), (-1, -3)

(-9, -4), (-5, 10)   (3, 12), (11, 6)

(0, -8), (-10, 12)   (10, 7), (3, -11)

(11, -11), (-8, 8)   (1, -1), (-8, 8)

(2, -8), (10, 3)   (3, -2), (-11, -7)

Answer Key

Find the slope of the line through each pair of points.

$(-2, 8), (-10, 2)$

$$\frac{2 - 8}{-10 - (-2)} = \frac{-6}{-8} = \frac{3}{4}$$

$(2, -5), (-1, -3)$

$$\frac{-3 - (-5)}{-1 - 2} = \frac{2}{-3} = -\frac{2}{3}$$

$(-9, -4), (-5, 10)$

$$\frac{10 - (-4)}{-5 - (-9)} = \frac{14}{4} = \frac{7}{2}$$

$(3, 12), (11, 6)$

$$\frac{6 - 12}{11 - 3} = \frac{-6}{8} = -\frac{3}{4}$$

$(0, -8), (-10, 12)$

$$\frac{12 - (-8)}{-10 - 0} = \frac{20}{-10} = -2$$

$(10, 7), (3, -11)$

$$\frac{-11 - 7}{3 - 10} = \frac{-18}{-7} = \frac{18}{7}$$

$(11, -11), (-8, 8)$

$$\frac{8 - (-11)}{-8 - 11} = \frac{19}{-19} = -1$$

$(1, -1), (-8, 8)$

$$\frac{8 - (-1)}{-8 - 1} = \frac{9}{-9} = -1$$

$(2, -8), (10, 3)$

$$\frac{3 - (-8)}{10 - 2} = \frac{11}{8}$$

$(3, -2), (-11, -7)$

$$\frac{-7 - (-2)}{-11 - 3} = \frac{-5}{-14} = \frac{5}{14}$$

Find the slope of the line through each pair of points.

(11, -7), (-10, -3)   (-11, -12), (-7, -3)

(11, -5), (-6, 5)   (-11, -9), (-9, -12)

(11, -8), (-3, 12)   (-2, 0), (-4, 4)

(8, -8), (-9, -4)   (6, -6), (0, -4)

(0, 2), (-6, 3)   (2, 1), (8, 3)

Answer Key

Find the slope of the line through each pair of points.

(11, -7), (-10, -3)

$$\frac{-3 - (-7)}{-10 - 11} = \frac{4}{-21} = -\frac{4}{21}$$

(-11, -12), (-7, -3)

$$\frac{-3 - (-12)}{-7 - (-11)} = \frac{9}{4}$$

(11, -5), (-6, 5)

$$\frac{5 - (-5)}{-6 - 11} = \frac{10}{-17} = -\frac{10}{17}$$

(-11, -9), (-9, -12)

$$\frac{-12 - (-9)}{-9 - (-11)} = \frac{-3}{2}$$

(11, -8), (-3, 12)

$$\frac{12 - (-8)}{-3 - 11} = \frac{20}{-14} = -\frac{10}{7}$$

(-2, 0), (-4, 4)

$$\frac{4 - 0}{-4 - (-2)} = \frac{4}{-2} = -2$$

(8, -8), (-9, -4)

$$\frac{-4 - (-8)}{-9 - 8} = \frac{4}{-17} = -\frac{4}{17}$$

(6, -6), (0, -4)

$$\frac{-4 - (-6)}{0 - 6} = \frac{2}{-6} = -\frac{1}{3}$$

(0, 2), (-6, 3)

$$\frac{3 - 2}{-6 - 0} = \frac{1}{-6} = -\frac{1}{6}$$

(2, 1), (8, 3)

$$\frac{3 - 1}{8 - 2} = \frac{2}{6} = \frac{1}{3}$$

Find the slope of the line through each pair of points.

(7, 11), (2, -2)   (10, -9), (-12, -8)

(-10, 2), (-3, 3)   (-1, -4), (-11, -11)

(-8, -8), (1, 5)   (-2, -5), (-5, 5)

(-1, 2), (4, -6)   (-5, -12), (-8, -4)

(0, 4), (-11, -9)   (11, 6), (12, -6)

Answer Key

Find the slope of the line through each pair of points.

$(7, 11), (2, -2)$

$$\frac{-2 - 11}{2 - 7} = \frac{-13}{-5} = \frac{13}{5}$$

$(10, -9), (-12, -8)$

$$\frac{-8 - (-9)}{-12 - 10} = \frac{1}{-22} = -\frac{1}{22}$$

$(-10, 2), (-3, 3)$

$$\frac{3 - 2}{-3 - (-10)} = \frac{1}{7}$$

$(-1, -4), (-11, -11)$

$$\frac{-11 - (-4)}{-11 - (-1)} = \frac{-7}{-10} = \frac{7}{10}$$

$(-8, -8), (1, 5)$

$$\frac{5 - (-8)}{1 - (-8)} = \frac{13}{9}$$

$(-2, -5), (-5, 5)$

$$\frac{5 - (-5)}{-5 - (-2)} = \frac{10}{-3} = -\frac{10}{3}$$

$(-1, 2), (4, -6)$

$$\frac{-6 - 2}{4 - (-1)} = \frac{-8}{5}$$

$(-5, -12), (-8, -4)$

$$\frac{-4 - (-12)}{-8 - (-5)} = \frac{8}{-3} = -\frac{8}{3}$$

$(0, 4), (-11, -9)$

$$\frac{-9 - 4}{-11 - 0} = \frac{-13}{-11} = \frac{13}{11}$$

$(11, 6), (12, -6)$

$$\frac{-6 - 6}{12 - 11} = \frac{-12}{1} = -12$$

Find the slope of the line through each pair of points.

(-11, 1), (-7, -1)   (-9, -4), (-9, 1)

(3, -4), (-5, -3)   (-8, -4), (1, -3)

(5, 0), (1, 4)   (6, 8), (11, -2)

(-3, 3), (4, 12)   (-10, 9), (10, -12)

(-8, -10), (-2, -6)   (-10, -1), (-9, -8)

Answer Key

Find the slope of the line through each pair of points.

(-11, 1), (-7, -1)

$$\frac{-1 - 1}{-7 - (-11)} = \frac{-2}{4} = -\frac{1}{2}$$

(-9, -4), (-9, 1)

$$\frac{1 - (-4)}{-9 - (-9)} = \frac{5}{0} = \text{Undef}$$

(3, -4), (-5, -3)

$$\frac{-3 - (-4)}{-5 - 3} = \frac{1}{-8} = -\frac{1}{8}$$

(-8, -4), (1, -3)

$$\frac{-3 - (-4)}{1 - (-8)} = \frac{1}{9}$$

(5, 0), (1, 4)

$$\frac{4 - 0}{1 - 5} = \frac{4}{-4} = -1$$

(6, 8), (11, -2)

$$\frac{-2 - 8}{11 - 6} = \frac{-10}{5} = -2$$

(-3, 3), (4, 12)

$$\frac{12 - 3}{4 - (-3)} = \frac{9}{7}$$

(-10, 9), (10, -12)

$$\frac{-12 - 9}{10 - (-10)} = \frac{-21}{20}$$

(-8, -10), (-2, -6)

$$\frac{-6 - (-10)}{-2 - (-8)} = \frac{4}{6} = \frac{2}{3}$$

(-10, -1), (-9, -8)

$$\frac{-8 - (-1)}{-9 - (-10)} = \frac{-7}{1} = -7$$

Find the slope of the line through each pair of points.

(6, -5), (-9, -3)   (-9, -10), (10, 0)

(10, -6), (8, 10)   (-10, -1), (-6, -11)

(6, -2), (-10, -6)   (4, 5), (1, -3)

(5, -1), (12, 5)   (-12, 11), (0, 12)

(-12, -11), (-2, 10)   (7, 8), (1, 4)

Answer Key

Find the slope of the line through each pair of points.

(6, -5), (-9, -3)

$$\frac{-3 - (-5)}{-9 - 6} = \frac{2}{-15} = -\frac{2}{15}$$

(-9, -10), (10, 0)

$$\frac{0 - (-10)}{10 - (-9)} = \frac{10}{19}$$

(10, -6), (8, 10)

$$\frac{10 - (-6)}{8 - 10} = \frac{16}{-2} = -8$$

(-10, -1), (-6, -11)

$$\frac{-11 - (-1)}{-6 - (-10)} = \frac{-10}{4} = -\frac{5}{2}$$

(6, -2), (-10, -6)

$$\frac{-6 - (-2)}{-10 - 6} = \frac{-4}{-16} = \frac{1}{4}$$

(4, 5), (1, -3)

$$\frac{-3 - 5}{1 - 4} = \frac{-8}{-3} = \frac{8}{3}$$

(5, -1), (12, 5)

$$\frac{5 - (-1)}{12 - 5} = \frac{6}{7}$$

(-12, 11), (0, 12)

$$\frac{12 - 11}{0 - (-12)} = \frac{1}{12}$$

(-12, -11), (-2, 10)

$$\frac{10 - (-11)}{-2 - (-12)} = \frac{21}{10}$$

(7, 8), (1, 4)

$$\frac{4 - 8}{1 - 7} = \frac{-4}{-6} = \frac{2}{3}$$

Find the slope of the line through each pair of points.

(10, 3), (-1, -7)   (-6, -6), (-9, 4)

(4, -3), (-10, -2)   (-10, -12), (0, -7)

(9, 9), (-7, -11)   (6, -11), (10, 4)

(-5, 5), (5, -2)   (-5, -1), (2, -7)

(-9, -12), (8, -2)   (0, 6), (6, -12)

Answer Key

Find the slope of the line through each pair of points.

(10, 3), (-1, -7)

$$\frac{-7 - 3}{-1 - 10} = \frac{-10}{-11} = \frac{10}{11}$$

(-6, -6), (-9, 4)

$$\frac{4 - (-6)}{-9 - (-6)} = \frac{10}{-3} = -\frac{10}{3}$$

(4, -3), (-10, -2)

$$\frac{-2 - (-3)}{-10 - 4} = \frac{1}{-14} = -\frac{1}{14}$$

(-10, -12), (0, -7)

$$\frac{-7 - (-12)}{0 - (-10)} = \frac{5}{10} = \frac{1}{2}$$

(9, 9), (-7, -11)

$$\frac{-11 - 9}{-7 - 9} = \frac{-20}{-16} = \frac{5}{4}$$

(6, -11), (10, 4)

$$\frac{4 - (-11)}{10 - 6} = \frac{15}{4}$$

(-5, 5), (5, -2)

$$\frac{-2 - 5}{5 - (-5)} = \frac{-7}{10}$$

(-5, -1), (2, -7)

$$\frac{-7 - (-1)}{2 - (-5)} = \frac{-6}{7}$$

(-9, -12), (8, -2)

$$\frac{-2 - (-12)}{8 - (-9)} = \frac{10}{17}$$

(0, 6), (6, -12)

$$\frac{-12 - 6}{6 - 0} = \frac{-18}{6} = -3$$

Find the slope of the line through each pair of points.

(-10, 3), (8, -11)   (10, -10), (-3, -7)

(4, -12), (-8, 5)   (4, -3), (-6, 3)

(-2, 7), (-3, 3)   (-6, -12), (2, 10)

(-4, 11), (-12, -7)   (0, 4), (-8, 8)

(0, 0), (-7, -6)   (8, 5), (-7, -10)

Answer Key

Find the slope of the line through each pair of points.

(-10, 3), (8, -11)

$$\frac{-11 - 3}{8 - (-10)} = \frac{-14}{18} = -\frac{7}{9}$$

(10, -10), (-3, -7)

$$\frac{-7 - (-10)}{-3 - 10} = \frac{3}{-13} = -\frac{3}{13}$$

(4, -12), (-8, 5)

$$\frac{5 - (-12)}{-8 - 4} = \frac{17}{-12} = -\frac{17}{12}$$

(4, -3), (-6, 3)

$$\frac{3 - (-3)}{-6 - 4} = \frac{6}{-10} = -\frac{3}{5}$$

(-2, 7), (-3, 3)

$$\frac{3 - 7}{-3 - (-2)} = \frac{-4}{-1} = 4$$

(-6, -12), (2, 10)

$$\frac{10 - (-12)}{2 - (-6)} = \frac{22}{8} = \frac{11}{4}$$

(-4, 11), (-12, -7)

$$\frac{-7 - 11}{-12 - (-4)} = \frac{-18}{-8} = \frac{9}{4}$$

(0, 4), (-8, 8)

$$\frac{8 - 4}{-8 - 0} = \frac{4}{-8} = -\frac{1}{2}$$

(0, 0), (-7, -6)

$$\frac{-6 - 0}{-7 - 0} = \frac{-6}{-7} = \frac{6}{7}$$

(8, 5), (-7, -10)

$$\frac{-10 - 5}{-7 - 8} = \frac{-15}{-15} = 1$$

Find the slope of the line through each pair of points.

(2, -10), (-6, 5)   (-12, -5), (-8, -6)

(0, 3), (6, -2)   (10, 4), (0, 10)

(-9, -4), (-11, 2)   (-4, -4), (-7, -1)

(-7, -5), (10, -11)   (12, 4), (-7, -6)

(2, 10), (-1, 1)   (12, -8), (12, -3)

Answer Key

Find the slope of the line through each pair of points.

$(2, -10), (-6, 5)$

$$\frac{5 - (-10)}{-6 - 2} = \frac{15}{-8} = -\frac{15}{8}$$

$(-12, -5), (-8, -6)$

$$\frac{-6 - (-5)}{-8 - (-12)} = \frac{-1}{4}$$

$(0, 3), (6, -2)$

$$\frac{-2 - 3}{6 - 0} = \frac{-5}{6}$$

$(10, 4), (0, 10)$

$$\frac{10 - 4}{0 - 10} = \frac{6}{-10} = -\frac{3}{5}$$

$(-9, -4), (-11, 2)$

$$\frac{2 - (-4)}{-11 - (-9)} = \frac{6}{-2} = -3$$

$(-4, -4), (-7, -1)$

$$\frac{-1 - (-4)}{-7 - (-4)} = \frac{3}{-3} = -1$$

$(-7, -5), (10, -11)$

$$\frac{-11 - (-5)}{10 - (-7)} = \frac{-6}{17}$$

$(12, 4), (-7, -6)$

$$\frac{-6 - 4}{-7 - 12} = \frac{-10}{-19} = \frac{10}{19}$$

$(2, 10), (-1, 1)$

$$\frac{1 - 10}{-1 - 2} = \frac{-9}{-3} = 3$$

$(12, -8), (12, -3)$

$$\frac{-3 - (-8)}{12 - 12} = \frac{5}{0} = \text{Undef}$$

Find the slope of the line through each pair of points.

(-9, -4), (-11, 9)   (-3, 5), (-5, 12)

(-12, 5), (3, -7)   (-10, 6), (0, 0)

(8, -8), (4, 2)   (-2, 0), (7, 9)

(-8, 7), (-3, -11)   (-9, -8), (-4, 3)

(-11, -8), (4, 2)   (-10, 4), (12, -10)

Answer Key

Find the slope of the line through each pair of points.

(-9, -4), (-11, 9)

$$\frac{9 - (-4)}{-11 - (-9)} = \frac{13}{-2} = -\frac{13}{2}$$

(-3, 5), (-5, 12)

$$\frac{12 - 5}{-5 - (-3)} = \frac{7}{-2} = -\frac{7}{2}$$

(-12, 5), (3, -7)

$$\frac{-7 - 5}{3 - (-12)} = \frac{-12}{15} = -\frac{4}{5}$$

(-10, 6), (0, 0)

$$\frac{0 - 6}{0 - (-10)} = \frac{-6}{10} = -\frac{3}{5}$$

(8, -8), (4, 2)

$$\frac{2 - (-8)}{4 - 8} = \frac{10}{-4} = -\frac{5}{2}$$

(-2, 0), (7, 9)

$$\frac{9 - 0}{7 - (-2)} = \frac{9}{9} = 1$$

(-8, 7), (-3, -11)

$$\frac{-11 - 7}{-3 - (-8)} = \frac{-18}{5}$$

(-9, -8), (-4, 3)

$$\frac{3 - (-8)}{-4 - (-9)} = \frac{11}{5}$$

(-11, -8), (4, 2)

$$\frac{2 - (-8)}{4 - (-11)} = \frac{10}{15} = \frac{2}{3}$$

(-10, 4), (12, -10)

$$\frac{-10 - 4}{12 - (-10)} = \frac{-14}{22} = -\frac{7}{11}$$

Find the slope of the line through each pair of points.

(-4, -10), (7, 11)   (9, 1), (3, 3)

(-11, -6), (-5, -3)   (10, -8), (9, -12)

(-11, -9), (-2, 10)   (-10, -11), (-4, 5)

(10, 7), (-12, 6)   (6, -3), (-3, 5)

(-11, 10), (2, 12)   (-9, -4), (0, -12)

Answer Key

Find the slope of the line through each pair of points.

$(-4, -10), (7, 11)$

$$\frac{11 - (-10)}{7 - (-4)} = \frac{21}{11}$$

$(9, 1), (3, 3)$

$$\frac{3 - 1}{3 - 9} = \frac{2}{-6} = -\frac{1}{3}$$

$(-11, -6), (-5, -3)$

$$\frac{-3 - (-6)}{-5 - (-11)} = \frac{3}{6} = \frac{1}{2}$$

$(10, -8), (9, -12)$

$$\frac{-12 - (-8)}{9 - 10} = \frac{-4}{-1} = 4$$

$(-11, -9), (-2, 10)$

$$\frac{10 - (-9)}{-2 - (-11)} = \frac{19}{9}$$

$(-10, -11), (-4, 5)$

$$\frac{5 - (-11)}{-4 - (-10)} = \frac{16}{6} = \frac{8}{3}$$

$(10, 7), (-12, 6)$

$$\frac{6 - 7}{-12 - 10} = \frac{-1}{-22} = \frac{1}{22}$$

$(6, -3), (-3, 5)$

$$\frac{5 - (-3)}{-3 - 6} = \frac{8}{-9} = -\frac{8}{9}$$

$(-11, 10), (2, 12)$

$$\frac{12 - 10}{2 - (-11)} = \frac{2}{13}$$

$(-9, -4), (0, -12)$

$$\frac{-12 - (-4)}{0 - (-9)} = \frac{-8}{9}$$

Find the slope of the line through each pair of points.

(-10, -2), (-4, 10)   (-5, 5), (9, -4)

(3, -5), (-11, 11)   (-1, 3), (-3, 8)

(2, 6), (2, 3)   (4, -3), (6, -10)

(-12, -11), (5, -4)   (-2, 0), (10, 0)

(-3, 8), (-11, -7)   (-4, -7), (-1, -5)

Answer Key

Find the slope of the line through each pair of points.

$(-10, -2), (-4, 10)$

$$\frac{10 - (-2)}{-4 - (-10)} = \frac{12}{6} = 2$$

$(-5, 5), (9, -4)$

$$\frac{-4 - 5}{9 - (-5)} = \frac{-9}{14}$$

$(3, -5), (-11, 11)$

$$\frac{11 - (-5)}{-11 - 3} = \frac{16}{-14} = -\frac{8}{7}$$

$(-1, 3), (-3, 8)$

$$\frac{8 - 3}{-3 - (-1)} = \frac{5}{-2} = -\frac{5}{2}$$

$(2, 6), (2, 3)$

$$\frac{3 - 6}{2 - 2} = \frac{-3}{0} = \text{Undef}$$

$(4, -3), (6, -10)$

$$\frac{-10 - (-3)}{6 - 4} = \frac{-7}{2}$$

$(-12, -11), (5, -4)$

$$\frac{-4 - (-11)}{5 - (-12)} = \frac{7}{17}$$

$(-2, 0), (10, 0)$

$$\frac{0 - 0}{10 - (-2)} = \frac{0}{12} = 0$$

$(-3, 8), (-11, -7)$

$$\frac{-7 - 8}{-11 - (-3)} = \frac{-15}{-8} = \frac{15}{8}$$

$(-4, -7), (-1, -5)$

$$\frac{-5 - (-7)}{-1 - (-4)} = \frac{2}{3}$$

Find the slope of the line through each pair of points.

(11, 5), (-9, -2)   (-12, -1), (-3, -6)

(7, 1), (-7, 6)   (-1, -7), (-5, -1)

(-10, -7), (-12, -5)   (-5, 0), (-12, 3)

(11, -5), (-1, -3)   (4, -5), (-4, 1)

(-12, -4), (-2, 4)   (9, 11), (6, -12)

Answer Key

Find the slope of the line through each pair of points.

(11, 5), (-9, -2)

$$\frac{-2 - 5}{-9 - 11} = \frac{-7}{-20} = \frac{7}{20}$$

(-12, -1), (-3, -6)

$$\frac{-6 - (-1)}{-3 - (-12)} = \frac{-5}{9}$$

(7, 1), (-7, 6)

$$\frac{6 - 1}{-7 - 7} = \frac{5}{-14} = -\frac{5}{14}$$

(-1, -7), (-5, -1)

$$\frac{-1 - (-7)}{-5 - (-1)} = \frac{6}{-4} = -\frac{3}{2}$$

(-10, -7), (-12, -5)

$$\frac{-5 - (-7)}{-12 - (-10)} = \frac{2}{-2} = -1$$

(-5, 0), (-12, 3)

$$\frac{3 - 0}{-12 - (-5)} = \frac{3}{-7} = -\frac{3}{7}$$

(11, -5), (-1, -3)

$$\frac{-3 - (-5)}{-1 - 11} = \frac{2}{-12} = -\frac{1}{6}$$

(4, -5), (-4, 1)

$$\frac{1 - (-5)}{-4 - 4} = \frac{6}{-8} = -\frac{3}{4}$$

(-12, -4), (-2, 4)

$$\frac{4 - (-4)}{-2 - (-12)} = \frac{8}{10} = \frac{4}{5}$$

(9, 11), (6, -12)

$$\frac{-12 - 11}{6 - 9} = \frac{-23}{-3} = \frac{23}{3}$$

Find the slope of the line through each pair of points.

(-11, 2), (4, 6)   (-4, 3), (0, -3)

(6, -3), (-8, -4)   (0, 6), (-11, 3)

(-11, 7), (-9, -9)   (-11, 0), (-12, 6)

(-1, -12), (-9, -8)   (-11, 11), (9, -4)

(-4, -11), (-10, -6)   (-5, -2), (-8, 9)

Answer Key

Find the slope of the line through each pair of points.

(-11, 2), (4, 6)

$$\frac{6 - 2}{4 - (-11)} = \frac{4}{15}$$

(-4, 3), (0, -3)

$$\frac{-3 - 3}{0 - (-4)} = \frac{-6}{4} = -\frac{3}{2}$$

(6, -3), (-8, -4)

$$\frac{-4 - (-3)}{-8 - 6} = \frac{-1}{-14} = \frac{1}{14}$$

(0, 6), (-11, 3)

$$\frac{3 - 6}{-11 - 0} = \frac{-3}{-11} = \frac{3}{11}$$

(-11, 7), (-9, -9)

$$\frac{-9 - 7}{-9 - (-11)} = \frac{-16}{2} = -8$$

(-11, 0), (-12, 6)

$$\frac{6 - 0}{-12 - (-11)} = \frac{6}{-1} = -6$$

(-1, -12), (-9, -8)

$$\frac{-8 - (-12)}{-9 - (-1)} = \frac{4}{-8} = -\frac{1}{2}$$

(-11, 11), (9, -4)

$$\frac{-4 - 11}{9 - (-11)} = \frac{-15}{20} = -\frac{3}{4}$$

(-4, -11), (-10, -6)

$$\frac{-6 - (-11)}{-10 - (-4)} = \frac{5}{-6} = -\frac{5}{6}$$

(-5, -2), (-8, 9)

$$\frac{9 - (-2)}{-8 - (-5)} = \frac{11}{-3} = -\frac{11}{3}$$

Find the slope of the line through each pair of points.

(3, -2), (6, -4)   (-8, -1), (2, -6)

(0, -3), (1, 2)   (-10, -10), (12, -7)

(-8, 8), (-6, 4)   (2, 6), (-10, -4)

(-5, 11), (12, -11)   (-4, 0), (2, -11)

(8, 9), (11, 10)   (0, 9), (7, -11)

Answer Key

Find the slope of the line through each pair of points.

(3, -2), (6, -4)

$$\frac{-4 - (-2)}{6 - 3} = \frac{-2}{3}$$

(-8, -1), (2, -6)

$$\frac{-6 - (-1)}{2 - (-8)} = \frac{-5}{10} = -\frac{1}{2}$$

(0, -3), (1, 2)

$$\frac{2 - (-3)}{1 - 0} = \frac{5}{1} = 5$$

(-10, -10), (12, -7)

$$\frac{-7 - (-10)}{12 - (-10)} = \frac{3}{22}$$

(-8, 8), (-6, 4)

$$\frac{4 - 8}{-6 - (-8)} = \frac{-4}{2} = -2$$

(2, 6), (-10, -4)

$$\frac{-4 - 6}{-10 - 2} = \frac{-10}{-12} = \frac{5}{6}$$

(-5, 11), (12, -11)

$$\frac{-11 - 11}{12 - (-5)} = \frac{-22}{17}$$

(-4, 0), (2, -11)

$$\frac{-11 - 0}{2 - (-4)} = \frac{-11}{6}$$

(8, 9), (11, 10)

$$\frac{10 - 9}{11 - 8} = \frac{1}{3}$$

(0, 9), (7, -11)

$$\frac{-11 - 9}{7 - 0} = \frac{-20}{7}$$

Find the slope of the line through each pair of points.

(-6, 8), (-9, 5)   (-12, 12), (-5, 5)

(-5, -4), (0, -4)   (0, 1), (2, 8)

(11, 1), (5, -9)   (-12, -11), (-10, -2)

(-8, 5), (-11, 2)   (5, -7), (-7, 5)

(-4, -10), (-3, -7)   (-9, 6), (1, -8)

Answer Key

Find the slope of the line through each pair of points.

$(-6, 8), (-9, 5)$

$$\frac{5 - 8}{-9 - (-6)} = \frac{-3}{-3} = 1$$

$(-12, 12), (-5, 5)$

$$\frac{5 - 12}{-5 - (-12)} = \frac{-7}{7} = -1$$

$(-5, -4), (0, -4)$

$$\frac{-4 - (-4)}{0 - (-5)} = \frac{0}{5} = 0$$

$(0, 1), (2, 8)$

$$\frac{8 - 1}{2 - 0} = \frac{7}{2}$$

$(11, 1), (5, -9)$

$$\frac{-9 - 1}{5 - 11} = \frac{-10}{-6} = \frac{5}{3}$$

$(-12, -11), (-10, -2)$

$$\frac{-2 - (-11)}{-10 - (-12)} = \frac{9}{2}$$

$(-8, 5), (-11, 2)$

$$\frac{2 - 5}{-11 - (-8)} = \frac{-3}{-3} = 1$$

$(5, -7), (-7, 5)$

$$\frac{5 - (-7)}{-7 - 5} = \frac{12}{-12} = -1$$

$(-4, -10), (-3, -7)$

$$\frac{-7 - (-10)}{-3 - (-4)} = \frac{3}{1} = 3$$

$(-9, 6), (1, -8)$

$$\frac{-8 - 6}{1 - (-9)} = \frac{-14}{10} = -\frac{7}{5}$$

Find the slope of the line through each pair of points.

(4, -7), (-7, 3)   (10, 10), (-8, 8)

(-12, 8), (8, 11)   (-2, 6), (-1, 11)

(7, -2), (0, 2)   (-7, 8), (-12, -8)

(-2, 1), (-9, -11)   (-12, -5), (4, 2)

(-6, -5), (12, -1)   (-3, -4), (-10, 3)

Answer Key

Find the slope of the line through each pair of points.

$(4, -7), (-7, 3)$

$$\frac{3 - (-7)}{-7 - 4} = \frac{10}{-11} = -\frac{10}{11}$$

$(10, 10), (-8, 8)$

$$\frac{8 - 10}{-8 - 10} = \frac{-2}{-18} = \frac{1}{9}$$

$(-12, 8), (8, 11)$

$$\frac{11 - 8}{8 - (-12)} = \frac{3}{20}$$

$(-2, 6), (-1, 11)$

$$\frac{11 - 6}{-1 - (-2)} = \frac{5}{1} = 5$$

$(7, -2), (0, 2)$

$$\frac{2 - (-2)}{0 - 7} = \frac{4}{-7} = -\frac{4}{7}$$

$(-7, 8), (-12, -8)$

$$\frac{-8 - 8}{-12 - (-7)} = \frac{-16}{-5} = \frac{16}{5}$$

$(-2, 1), (-9, -11)$

$$\frac{-11 - 1}{-9 - (-2)} = \frac{-12}{-7} = \frac{12}{7}$$

$(-12, -5), (4, 2)$

$$\frac{2 - (-5)}{4 - (-12)} = \frac{7}{16}$$

$(-6, -5), (12, -1)$

$$\frac{-1 - (-5)}{12 - (-6)} = \frac{4}{18} = \frac{2}{9}$$

$(-3, -4), (-10, 3)$

$$\frac{3 - (-4)}{-10 - (-3)} = \frac{7}{-7} = -1$$

Find the slope of the line through each pair of points.

(-3, 10), (0, -12)   (6, 4), (12, 5)

(-10, -10), (8, 1)   (-11, -10), (8, 7)

(-8, 0), (4, 1)   (0, -4), (-11, -2)

(8, -3), (-5, -9)   (-2, 1), (1, -6)

(12, -11), (2, 4)   (-3, 11), (-11, 10)

Answer Key

Find the slope of the line through each pair of points.

(-3, 10), (0, -12)

$$\frac{-12 - 10}{0 - (-3)} = \frac{-22}{3}$$

(6, 4), (12, 5)

$$\frac{5 - 4}{12 - 6} = \frac{1}{6}$$

(-10, -10), (8, 1)

$$\frac{1 - (-10)}{8 - (-10)} = \frac{11}{18}$$

(-11, -10), (8, 7)

$$\frac{7 - (-10)}{8 - (-11)} = \frac{17}{19}$$

(-8, 0), (4, 1)

$$\frac{1 - 0}{4 - (-8)} = \frac{1}{12}$$

(0, -4), (-11, -2)

$$\frac{-2 - (-4)}{-11 - 0} = \frac{2}{-11} = -\frac{2}{11}$$

(8, -3), (-5, -9)

$$\frac{-9 - (-3)}{-5 - 8} = \frac{-6}{-13} = \frac{6}{13}$$

(-2, 1), (1, -6)

$$\frac{-6 - 1}{1 - (-2)} = \frac{-7}{3}$$

(12, -11), (2, 4)

$$\frac{4 - (-11)}{2 - 12} = \frac{15}{-10} = -\frac{3}{2}$$

(-3, 11), (-11, 10)

$$\frac{10 - 11}{-11 - (-3)} = \frac{-1}{-8} = \frac{1}{8}$$

Find the slope of the line through each pair of points.

(-4, -9), (3, 6)   (2, -6), (4, -3)

(-9, 9), (2, 9)   (-4, -1), (-2, 7)

(1, 4), (3, 9)   (10, 1), (-6, 6)

(7, -8), (10, -9)   (-2, 12), (-8, -5)

(-1, -3), (1, -1)   (-7, 0), (6, -2)

Answer Key

Find the slope of the line through each pair of points.

$(-4, -9), (3, 6)$

$$\frac{6 - (-9)}{3 - (-4)} = \frac{15}{7}$$

$(2, -6), (4, -3)$

$$\frac{-3 - (-6)}{4 - 2} = \frac{3}{2}$$

$(-9, 9), (2, 9)$

$$\frac{9 - 9}{2 - (-9)} = \frac{0}{11} = 0$$

$(-4, -1), (-2, 7)$

$$\frac{7 - (-1)}{-2 - (-4)} = \frac{8}{2} = 4$$

$(1, 4), (3, 9)$

$$\frac{9 - 4}{3 - 1} = \frac{5}{2}$$

$(10, 1), (-6, 6)$

$$\frac{6 - 1}{-6 - 10} = \frac{5}{-16} = -\frac{5}{16}$$

$(7, -8), (10, -9)$

$$\frac{-9 - (-8)}{10 - 7} = \frac{-1}{3}$$

$(-2, 12), (-8, -5)$

$$\frac{-5 - 12}{-8 - (-2)} = \frac{-17}{-6} = \frac{17}{6}$$

$(-1, -3), (1, -1)$

$$\frac{-1 - (-3)}{1 - (-1)} = \frac{2}{2} = 1$$

$(-7, 0), (6, -2)$

$$\frac{-2 - 0}{6 - (-7)} = \frac{-2}{13}$$

Find the slope of the line through each pair of points.

(-6, -11), (-9, -3)   (-2, 2), (4, -6)

(7, -12), (1, 11)   (3, -12), (-10, -3)

(7, -5), (-3, -12)   (10, 9), (10, 12)

(4, -3), (9, -11)   (-3, 8), (9, -1)

(-6, 12), (7, 2)   (-2, -5), (-8, 11)

Answer Key

Find the slope of the line through each pair of points.

(-6, -11), (-9, -3)

$$\frac{-3 - (-11)}{-9 - (-6)} = \frac{8}{-3} = -\frac{8}{3}$$

(-2, 2), (4, -6)

$$\frac{-6 - 2}{4 - (-2)} = \frac{-8}{6} = -\frac{4}{3}$$

(7, -12), (1, 11)

$$\frac{11 - (-12)}{1 - 7} = \frac{23}{-6} = -\frac{23}{6}$$

(3, -12), (-10, -3)

$$\frac{-3 - (-12)}{-10 - 3} = \frac{9}{-13} = -\frac{9}{13}$$

(7, -5), (-3, -12)

$$\frac{-12 - (-5)}{-3 - 7} = \frac{-7}{-10} = \frac{7}{10}$$

(10, 9), (10, 12)

$$\frac{12 - 9}{10 - 10} = \frac{3}{0} = \text{Undef}$$

(4, -3), (9, -11)

$$\frac{-11 - (-3)}{9 - 4} = \frac{-8}{5}$$

(-3, 8), (9, -1)

$$\frac{-1 - 8}{9 - (-3)} = \frac{-9}{12} = -\frac{3}{4}$$

(-6, 12), (7, 2)

$$\frac{2 - 12}{7 - (-6)} = \frac{-10}{13}$$

(-2, -5), (-8, 11)

$$\frac{11 - (-5)}{-8 - (-2)} = \frac{16}{-6} = -\frac{8}{3}$$

Find the slope of the line through each pair of points.

(-9, -5), (-8, -9)   (-10, -7), (-1, 5)

(-4, -4), (12, -12)   (9, -1), (-6, -6)

(2, -5), (-8, 6)   (-5, -2), (8, -11)

(7, 7), (11, 9)   (2, -2), (-1, -3)

(-12, -8), (6, -6)   (12, 2), (-5, 12)

Answer Key

Find the slope of the line through each pair of points.

(-9, -5), (-8, -9)

$$\frac{-9 - (-5)}{-8 - (-9)} = \frac{-4}{1} = -4$$

(-10, -7), (-1, 5)

$$\frac{5 - (-7)}{-1 - (-10)} = \frac{12}{9} = \frac{4}{3}$$

(-4, -4), (12, -12)

$$\frac{-12 - (-4)}{12 - (-4)} = \frac{-8}{16} = -\frac{1}{2}$$

(9, -1), (-6, -6)

$$\frac{-6 - (-1)}{-6 - 9} = \frac{-5}{-15} = \frac{1}{3}$$

(2, -5), (-8, 6)

$$\frac{6 - (-5)}{-8 - 2} = \frac{11}{-10} = -\frac{11}{10}$$

(-5, -2), (8, -11)

$$\frac{-11 - (-2)}{8 - (-5)} = \frac{-9}{13}$$

(7, 7), (11, 9)

$$\frac{9 - 7}{11 - 7} = \frac{2}{4} = \frac{1}{2}$$

(2, -2), (-1, -3)

$$\frac{-3 - (-2)}{-1 - 2} = \frac{-1}{-3} = \frac{1}{3}$$

(-12, -8), (6, -6)

$$\frac{-6 - (-8)}{6 - (-12)} = \frac{2}{18} = \frac{1}{9}$$

(12, 2), (-5, 12)

$$\frac{12 - 2}{-5 - 12} = \frac{10}{-17} = -\frac{10}{17}$$

Find the slope of the line through each pair of points.

(-11, -3), (-2, 4)   (-12, -10), (-8, -10)

(7, -9), (8, 10)   (-8, 11), (-5, -1)

(-9, 1), (11, -2)   (5, -12), (2, 1)

(-1, -6), (-10, -11)   (12, -3), (8, 4)

(11, 11), (-4, -8)   (10, 5), (-9, 3)

Answer Key

Find the slope of the line through each pair of points.

(-11, -3), (-2, 4)

$$\frac{4 - (-3)}{-2 - (-11)} = \frac{7}{9}$$

(-12, -10), (-8, -10)

$$\frac{-10 - (-10)}{-8 - (-12)} = \frac{0}{4} = 0$$

(7, -9), (8, 10)

$$\frac{10 - (-9)}{8 - 7} = \frac{19}{1} = 19$$

(-8, 11), (-5, -1)

$$\frac{-1 - 11}{-5 - (-8)} = \frac{-12}{3} = -4$$

(-9, 1), (11, -2)

$$\frac{-2 - 1}{11 - (-9)} = \frac{-3}{20}$$

(5, -12), (2, 1)

$$\frac{1 - (-12)}{2 - 5} = \frac{13}{-3} = -\frac{13}{3}$$

(-1, -6), (-10, -11)

$$\frac{-11 - (-6)}{-10 - (-1)} = \frac{-5}{-9} = \frac{5}{9}$$

(12, -3), (8, 4)

$$\frac{4 - (-3)}{8 - 12} = \frac{7}{-4} = -\frac{7}{4}$$

(11, 11), (-4, -8)

$$\frac{-8 - 11}{-4 - 11} = \frac{-19}{-15} = \frac{19}{15}$$

(10, 5), (-9, 3)

$$\frac{3 - 5}{-9 - 10} = \frac{-2}{-19} = \frac{2}{19}$$

Find the slope of the line through each pair of points.

(-2, 5), (9, -7)

(-3, 0), (0, 3)

(0, -6), (-12, -12)

(11, 9), (-12, -2)

(8, -1), (-11, -6)

(7, -9), (-9, -2)

(-5, -11), (-5, 7)

(-9, -5), (-7, -11)

(0, 1), (1, -2)

(10, 11), (-11, 8)

Answer Key

Find the slope of the line through each pair of points.

$(-2, 5)$, $(9, -7)$

$$\frac{-7 - 5}{9 - (-2)} = \frac{-12}{11}$$

$(-3, 0)$, $(0, 3)$

$$\frac{3 - 0}{0 - (-3)} = \frac{3}{3} = 1$$

$(0, -6)$, $(-12, -12)$

$$\frac{-12 - (-6)}{-12 - 0} = \frac{-6}{-12} = \frac{1}{2}$$

$(11, 9)$, $(-12, -2)$

$$\frac{-2 - 9}{-12 - 11} = \frac{-11}{-23} = \frac{11}{23}$$

$(8, -1)$, $(-11, -6)$

$$\frac{-6 - (-1)}{-11 - 8} = \frac{-5}{-19} = \frac{5}{19}$$

$(7, -9)$, $(-9, -2)$

$$\frac{-2 - (-9)}{-9 - 7} = \frac{7}{-16} = -\frac{7}{16}$$

$(-5, -11)$, $(-5, 7)$

$$\frac{7 - (-11)}{-5 - (-5)} = \frac{18}{0} = \text{Undef}$$

$(-9, -5)$, $(-7, -11)$

$$\frac{-11 - (-5)}{-7 - (-9)} = \frac{-6}{2} = -3$$

$(0, 1)$, $(1, -2)$

$$\frac{-2 - 1}{1 - 0} = \frac{-3}{1} = -3$$

$(10, 11)$, $(-11, 8)$

$$\frac{8 - 11}{-11 - 10} = \frac{-3}{-21} = \frac{1}{7}$$

Find the slope of the line through each pair of points.

(-8, -4), (3, -1)   (-9, 1), (4, -10)

(11, -12), (-3, -9)   (-10, -7), (-7, 0)

(11, -7), (-5, 9)   (3, 1), (-7, -9)

(0, -2), (0, -11)   (-9, 6), (8, -6)

(2, 8), (-12, -9)   (5, -12), (-5, -1)

Answer Key

Find the slope of the line through each pair of points.

$(-8, -4), (3, -1)$

$$\frac{-1 - (-4)}{3 - (-8)} = \frac{3}{11}$$

$(-9, 1), (4, -10)$

$$\frac{-10 - 1}{4 - (-9)} = \frac{-11}{13}$$

$(11, -12), (-3, -9)$

$$\frac{-9 - (-12)}{-3 - 11} = \frac{3}{-14} = -\frac{3}{14}$$

$(-10, -7), (-7, 0)$

$$\frac{0 - (-7)}{-7 - (-10)} = \frac{7}{3}$$

$(11, -7), (-5, 9)$

$$\frac{9 - (-7)}{-5 - 11} = \frac{16}{-16} = -1$$

$(3, 1), (-7, -9)$

$$\frac{-9 - 1}{-7 - 3} = \frac{-10}{-10} = 1$$

$(0, -2), (0, -11)$

$$\frac{-11 - (-2)}{0 - 0} = \frac{-9}{0} = \text{Undef}$$

$(-9, 6), (8, -6)$

$$\frac{-6 - 6}{8 - (-9)} = \frac{-12}{17}$$

$(2, 8), (-12, -9)$

$$\frac{-9 - 8}{-12 - 2} = \frac{-17}{-14} = \frac{17}{14}$$

$(5, -12), (-5, -1)$

$$\frac{-1 - (-12)}{-5 - 5} = \frac{11}{-10} = -\frac{11}{10}$$

Find the slope of the line through each pair of points.

(-10, -1), (-6, 11)   (-4, -10), (4, 9)

(4, 12), (-7, -9)   (10, 12), (9, 4)

(-3, 11), (-4, -10)   (-12, 9), (-9, -8)

(-10, 3), (-2, 6)   (4, -4), (2, -11)

(1, -8), (-2, -9)   (-10, 7), (6, -6)

Answer Key

Find the slope of the line through each pair of points.

$(-10, -1), (-6, 11)$

$$\frac{11 - (-1)}{-6 - (-10)} = \frac{12}{4} = 3$$

$(-4, -10), (4, 9)$

$$\frac{9 - (-10)}{4 - (-4)} = \frac{19}{8}$$

$(4, 12), (-7, -9)$

$$\frac{-9 - 12}{-7 - 4} = \frac{-21}{-11} = \frac{21}{11}$$

$(10, 12), (9, 4)$

$$\frac{4 - 12}{9 - 10} = \frac{-8}{-1} = 8$$

$(-3, 11), (-4, -10)$

$$\frac{-10 - 11}{-4 - (-3)} = \frac{-21}{-1} = 21$$

$(-12, 9), (-9, -8)$

$$\frac{-8 - 9}{-9 - (-12)} = \frac{-17}{3}$$

$(-10, 3), (-2, 6)$

$$\frac{6 - 3}{-2 - (-10)} = \frac{3}{8}$$

$(4, -4), (2, -11)$

$$\frac{-11 - (-4)}{2 - 4} = \frac{-7}{-2} = \frac{7}{2}$$

$(1, -8), (-2, -9)$

$$\frac{-9 - (-8)}{-2 - 1} = \frac{-1}{-3} = \frac{1}{3}$$

$(-10, 7), (6, -6)$

$$\frac{-6 - 7}{6 - (-10)} = \frac{-13}{16}$$

Find the slope of the line through each pair of points.

(-6, -7), (5, -6)   (8, -9), (5, 6)

(6, -9), (-5, -10)   (-9, -9), (-8, 2)

(6, -11), (-5, -7)   (-3, -3), (-8, -5)

(-7, 0), (-3, -10)   (-4, -7), (4, 10)

(-12, -6), (9, 8)   (10, 12), (-1, -1)

Answer Key

Find the slope of the line through each pair of points.

(-6, -7), (5, -6)

$$\frac{-6 - (-7)}{5 - (-6)} = \frac{1}{11}$$

(8, -9), (5, 6)

$$\frac{6 - (-9)}{5 - 8} = \frac{15}{-3} = -5$$

(6, -9), (-5, -10)

$$\frac{-10 - (-9)}{-5 - 6} = \frac{-1}{-11} = \frac{1}{11}$$

(-9, -9), (-8, 2)

$$\frac{2 - (-9)}{-8 - (-9)} = \frac{11}{1} = 11$$

(6, -11), (-5, -7)

$$\frac{-7 - (-11)}{-5 - 6} = \frac{4}{-11} = -\frac{4}{11}$$

(-3, -3), (-8, -5)

$$\frac{-5 - (-3)}{-8 - (-3)} = \frac{-2}{-5} = \frac{2}{5}$$

(-7, 0), (-3, -10)

$$\frac{-10 - 0}{-3 - (-7)} = \frac{-10}{4} = -\frac{5}{2}$$

(-4, -7), (4, 10)

$$\frac{10 - (-7)}{4 - (-4)} = \frac{17}{8}$$

(-12, -6), (9, 8)

$$\frac{8 - (-6)}{9 - (-12)} = \frac{14}{21} = \frac{2}{3}$$

(10, 12), (-1, -1)

$$\frac{-1 - 12}{-1 - 10} = \frac{-13}{-11} = \frac{13}{11}$$

Find the slope of the line through each pair of points.

(3, -8), (3, 8)   (10, -3), (7, -7)

(-8, -9), (6, -5)   (5, 7), (-11, -9)

(-2, -10), (6, -2)   (11, 9), (11, -9)

(-9, -5), (1, -12)   (8, 5), (7, 2)

(0, 5), (-7, 5)   (-8, -8), (12, -2)

Answer Key

Find the slope of the line through each pair of points.

(3, -8), (3, 8)

$$\frac{8 - (-8)}{3 - 3} = \frac{16}{0} = \text{Undef}$$

(10, -3), (7, -7)

$$\frac{-7 - (-3)}{7 - 10} = \frac{-4}{-3} = \frac{4}{3}$$

(-8, -9), (6, -5)

$$\frac{-5 - (-9)}{6 - (-8)} = \frac{4}{14} = \frac{2}{7}$$

(5, 7), (-11, -9)

$$\frac{-9 - 7}{-11 - 5} = \frac{-16}{-16} = 1$$

(-2, -10), (6, -2)

$$\frac{-2 - (-10)}{6 - (-2)} = \frac{8}{8} = 1$$

(11, 9), (11, -9)

$$\frac{-9 - 9}{11 - 11} = \frac{-18}{0} = \text{Undef}$$

(-9, -5), (1, -12)

$$\frac{-12 - (-5)}{1 - (-9)} = \frac{-7}{10}$$

(8, 5), (7, 2)

$$\frac{2 - 5}{7 - 8} = \frac{-3}{-1} = 3$$

(0, 5), (-7, 5)

$$\frac{5 - 5}{-7 - 0} = \frac{0}{-7} = 0$$

(-8, -8), (12, -2)

$$\frac{-2 - (-8)}{12 - (-8)} = \frac{6}{20} = \frac{3}{10}$$

Find the slope of the line through each pair of points.

(-7, -5), (1, -6)   (1, -12), (-7, -10)

(10, -10), (-11, -7)   (-11, 3), (-8, 2)

(11, 3), (11, -10)   (7, -4), (-8, -5)

(0, -3), (9, -10)   (12, -12), (-11, 11)

(1, -4), (3, -11)   (3, -10), (-4, -11)

Answer Key

Find the slope of the line through each pair of points.

$(-7, -5), (1, -6)$

$$\frac{-6 - (-5)}{1 - (-7)} = \frac{-1}{8}$$

$(1, -12), (-7, -10)$

$$\frac{-10 - (-12)}{-7 - 1} = \frac{2}{-8} = -\frac{1}{4}$$

$(10, -10), (-11, -7)$

$$\frac{-7 - (-10)}{-11 - 10} = \frac{3}{-21} = -\frac{1}{7}$$

$(-11, 3), (-8, 2)$

$$\frac{2 - 3}{-8 - (-11)} = \frac{-1}{3}$$

$(11, 3), (11, -10)$

$$\frac{-10 - 3}{11 - 11} = \frac{-13}{0} = \text{Undef}$$

$(7, -4), (-8, -5)$

$$\frac{-5 - (-4)}{-8 - 7} = \frac{-1}{-15} = \frac{1}{15}$$

$(0, -3), (9, -10)$

$$\frac{-10 - (-3)}{9 - 0} = \frac{-7}{9}$$

$(12, -12), (-11, 11)$

$$\frac{11 - (-12)}{-11 - 12} = \frac{23}{-23} = -1$$

$(1, -4), (3, -11)$

$$\frac{-11 - (-4)}{3 - 1} = \frac{-7}{2}$$

$(3, -10), (-4, -11)$

$$\frac{-11 - (-10)}{-4 - 3} = \frac{-1}{-7} = \frac{1}{7}$$

Find the slope of the line through each pair of points.

(-8, -10), (-9, -6)   (-5, -9), (-6, 0)

(-3, 10), (12, 0)   (-7, -9), (12, -9)

(-3, -9), (-6, 6)   (-5, 12), (-2, -7)

(3, 4), (-11, -4)   (-5, -12), (-3, 11)

(8, -12), (2, 2)   (-5, 1), (11, -1)

Answer Key

Find the slope of the line through each pair of points.

$(-8, -10), (-9, -6)$

$$\frac{-6 - (-10)}{-9 - (-8)} = \frac{4}{-1} = -4$$

$(-5, -9), (-6, 0)$

$$\frac{0 - (-9)}{-6 - (-5)} = \frac{9}{-1} = -9$$

$(-3, 10), (12, 0)$

$$\frac{0 - 10}{12 - (-3)} = \frac{-10}{15} = -\frac{2}{3}$$

$(-7, -9), (12, -9)$

$$\frac{-9 - (-9)}{12 - (-7)} = \frac{0}{19} = 0$$

$(-3, -9), (-6, 6)$

$$\frac{6 - (-9)}{-6 - (-3)} = \frac{15}{-3} = -5$$

$(-5, 12), (-2, -7)$

$$\frac{-7 - 12}{-2 - (-5)} = \frac{-19}{3}$$

$(3, 4), (-11, -4)$

$$\frac{-4 - 4}{-11 - 3} = \frac{-8}{-14} = \frac{4}{7}$$

$(-5, -12), (-3, 11)$

$$\frac{11 - (-12)}{-3 - (-5)} = \frac{23}{2}$$

$(8, -12), (2, 2)$

$$\frac{2 - (-12)}{2 - 8} = \frac{14}{-6} = -\frac{7}{3}$$

$(-5, 1), (11, -1)$

$$\frac{-1 - 1}{11 - (-5)} = \frac{-2}{16} = -\frac{1}{8}$$

Find the slope of the line through each pair of points.

(9, -10), (-10, -3)   (6, -4), (-6, -6)

(-7, -1), (12, 6)   (-10, -9), (-6, -7)

(-3, 4), (-11, 7)   (3, -6), (2, -2)

(-2, -10), (-5, 2)   (-8, 12), (-1, -12)

(12, -4), (-1, -8)   (6, 6), (-12, -3)

Answer Key

Find the slope of the line through each pair of points.

(9, -10), (-10, -3)

$$\frac{-3 - (-10)}{-10 - 9} = \frac{7}{-19} = -\frac{7}{19}$$

(6, -4), (-6, -6)

$$\frac{-6 - (-4)}{-6 - 6} = \frac{-2}{-12} = \frac{1}{6}$$

(-7, -1), (12, 6)

$$\frac{6 - (-1)}{12 - (-7)} = \frac{7}{19}$$

(-10, -9), (-6, -7)

$$\frac{-7 - (-9)}{-6 - (-10)} = \frac{2}{4} = \frac{1}{2}$$

(-3, 4), (-11, 7)

$$\frac{7 - 4}{-11 - (-3)} = \frac{3}{-8} = -\frac{3}{8}$$

(3, -6), (2, -2)

$$\frac{-2 - (-6)}{2 - 3} = \frac{4}{-1} = -4$$

(-2, -10), (-5, 2)

$$\frac{2 - (-10)}{-5 - (-2)} = \frac{12}{-3} = -4$$

(-8, 12), (-1, -12)

$$\frac{-12 - 12}{-1 - (-8)} = \frac{-24}{7}$$

(12, -4), (-1, -8)

$$\frac{-8 - (-4)}{-1 - 12} = \frac{-4}{-13} = \frac{4}{13}$$

(6, 6), (-12, -3)

$$\frac{-3 - 6}{-12 - 6} = \frac{-9}{-18} = \frac{1}{2}$$

Find the slope of the line through each pair of points.

(2, -10), (-9, 11)   (-8, -6), (5, -12)

(-9, 10), (12, -12)   (-6, -4), (2, -2)

(-3, -5), (4, -10)   (-10, -1), (-11, 8)

(-9, -5), (-3, 8)   (2, 3), (1, -8)

(4, -11), (3, 5)   (4, 2), (-11, -12)

Answer Key

Find the slope of the line through each pair of points.

(2, -10), (-9, 11)

$$\frac{11 - (-10)}{-9 - 2} = \frac{21}{-11} = -\frac{21}{11}$$

(-8, -6), (5, -12)

$$\frac{-12 - (-6)}{5 - (-8)} = \frac{-6}{13}$$

(-9, 10), (12, -12)

$$\frac{-12 - 10}{12 - (-9)} = \frac{-22}{21}$$

(-6, -4), (2, -2)

$$\frac{-2 - (-4)}{2 - (-6)} = \frac{2}{8} = \frac{1}{4}$$

(-3, -5), (4, -10)

$$\frac{-10 - (-5)}{4 - (-3)} = \frac{-5}{7}$$

(-10, -1), (-11, 8)

$$\frac{8 - (-1)}{-11 - (-10)} = \frac{9}{-1} = -9$$

(-9, -5), (-3, 8)

$$\frac{8 - (-5)}{-3 - (-9)} = \frac{13}{6}$$

(2, 3), (1, -8)

$$\frac{-8 - 3}{1 - 2} = \frac{-11}{-1} = 11$$

(4, -11), (3, 5)

$$\frac{5 - (-11)}{3 - 4} = \frac{16}{-1} = -16$$

(4, 2), (-11, -12)

$$\frac{-12 - 2}{-11 - 4} = \frac{-14}{-15} = \frac{14}{15}$$

Find the slope of the line through each pair of points.

(-6, 8), (-8, 9)   (-12, 12), (-3, 11)

(7, 6), (9, -8)   (-9, -7), (11, 0)

(-3, 6), (12, 3)   (-5, -5), (-9, -10)

(-10, 2), (-9, 12)   (-8, 2), (2, 2)

(-11, -8), (2, -7)   (-4, -9), (7, 2)

Answer Key

Find the slope of the line through each pair of points.

(-6, 8), (-8, 9)

$$\frac{9 - 8}{-8 - (-6)} = \frac{1}{-2} = -\frac{1}{2}$$

(-12, 12), (-3, 11)

$$\frac{11 - 12}{-3 - (-12)} = \frac{-1}{9}$$

(7, 6), (9, -8)

$$\frac{-8 - 6}{9 - 7} = \frac{-14}{2} = -7$$

(-9, -7), (11, 0)

$$\frac{0 - (-7)}{11 - (-9)} = \frac{7}{20}$$

(-3, 6), (12, 3)

$$\frac{3 - 6}{12 - (-3)} = \frac{-3}{15} = -\frac{1}{5}$$

(-5, -5), (-9, -10)

$$\frac{-10 - (-5)}{-9 - (-5)} = \frac{-5}{-4} = \frac{5}{4}$$

(-10, 2), (-9, 12)

$$\frac{12 - 2}{-9 - (-10)} = \frac{10}{1} = 10$$

(-8, 2), (2, 2)

$$\frac{2 - 2}{2 - (-8)} = \frac{0}{10} = 0$$

(-11, -8), (2, -7)

$$\frac{-7 - (-8)}{2 - (-11)} = \frac{1}{13}$$

(-4, -9), (7, 2)

$$\frac{2 - (-9)}{7 - (-4)} = \frac{11}{11} = 1$$

Find the slope of the line through each pair of points.

(3, 4), (-12, -6)   (8, 8), (3, 10)

(-12, -1), (-10, 1)   (-2, 10), (-12, -8)

(11, -6), (0, -5)   (-10, 6), (7, -7)

(4, 0), (-10, 4)   (-1, -12), (-7, -7)

(-3, -4), (-11, -6)   (0, -3), (-9, 3)

Answer Key

Find the slope of the line through each pair of points.

(3, 4), (-12, -6)

$$\frac{-6 - 4}{-12 - 3} = \frac{-10}{-15} = \frac{2}{3}$$

(8, 8), (3, 10)

$$\frac{10 - 8}{3 - 8} = \frac{2}{-5} = -\frac{2}{5}$$

(-12, -1), (-10, 1)

$$\frac{1 - (-1)}{-10 - (-12)} = \frac{2}{2} = 1$$

(-2, 10), (-12, -8)

$$\frac{-8 - 10}{-12 - (-2)} = \frac{-18}{-10} = \frac{9}{5}$$

(11, -6), (0, -5)

$$\frac{-5 - (-6)}{0 - 11} = \frac{1}{-11} = -\frac{1}{11}$$

(-10, 6), (7, -7)

$$\frac{-7 - 6}{7 - (-10)} = \frac{-13}{17}$$

(4, 0), (-10, 4)

$$\frac{4 - 0}{-10 - 4} = \frac{4}{-14} = -\frac{2}{7}$$

(-1, -12), (-7, -7)

$$\frac{-7 - (-12)}{-7 - (-1)} = \frac{5}{-6} = -\frac{5}{6}$$

(-3, -4), (-11, -6)

$$\frac{-6 - (-4)}{-11 - (-3)} = \frac{-2}{-8} = \frac{1}{4}$$

(0, -3), (-9, 3)

$$\frac{3 - (-3)}{-9 - 0} = \frac{6}{-9} = -\frac{2}{3}$$

Made in United States
Orlando, FL
01 June 2023

33687848R00111